Richard Deiss

Kommt Zeit, kommt Rad

Kleine Geschichten und interessante
Fakten zur Entwicklung des
Fahrradverkehrs

6. Auflage 2020

Adresse des Autors
Machnower Str. 65
D-14165 Berlin
richard.deiss@gmail.com

Zuschriften und Kommentare sind willkommen und werden in der nächsten Ausgabe berücksichtigt.

Dieses Buch ist dem begeisterten Radfahrer Martin B. (Neustadt) gewidmet.

Herstellung und Verlag: BoD - Books on Demand, Norderstedt

Sechste Auflage 2020, Originalausgabe

© Richard Deiss, Berlin 2020

Printed in Germany

ISBN 978-3-837-0027-37

Bibliografische Information der Deutschen Nationalbibliothek

Die Deutsche Nationalbibliothek verzeichnet diese Publikation in der Deutschen Nationalbibliografie; detaillierte bibliografische Daten sind im Internet über http://dnb.d-nb.de abrufbar

Inhalt

Vorwort 5

1 Erfinder und Unternehmer 7

1.1 Erfundene Erfinder 7
1.2 Wichtige Fahrraderfinder 10
1.3 Erfinder Zubehör 15
1.4 Besondere Fahrradtypen 20

2 Fahrradherstellung 28

2.1 Fahrradproduktion in Zahlen ... 28
2.2 Vom Fahrrad zum Auto 30
2.3 Wichtige Unternehmen 34
2.4 Fahrradkomponenten 38

3 Worte und Sprüche 42

4 Radfahrer 46

4.1 Prominente Radfahrer 46
4.2 Sportliche Typen 51

5 Fahrradverkehr weltweit 54

5.1 Wichtige Kennziffern 54
5.2 Deutschsprachige Länder 56
5.3 Niederlande 60
5.4 Übriges Westeuropa 62
5.5 Nordeuropa 65
5.6 Mittelost- und Osteuropa 68
5.7 Südeuropa 71
5.8 Südosteuropa 73
5.9 Nordamerika 77
5.10 Lateinamerika 81
5.11 Afrika 88

5.12 Asien 92
5.13 Ozeanien 96

6 Fahrradwege 98

7 Infrastruktur 103

8 Fahrradparken 107

9 Fahrradverlust 114

10 Fahrradverleih 119

11 Fahrradkuriere 124

12 Fahrrad-Aktivismus 127

13 Rikschas 135

14 Verkehrssicherheit 140

14.1 Fahrradhelme 140
14.2 Verkehrszeichen 143
14.3 Markierungen 144

Anhang

Tabellen 145

Literaturhinweise 159

Vorwort

Ein Zehntel aller Wege werden in Deutschland mit dem Rad zurückgelegt. Trotz der Bedeutung des Fahrrades gibt es nur wenige Übersichten zur Radverkehrsentwicklung weltweit und im historischen Zeitverlauf. Ich hoffe, die vorliegende Zusammenstellung von Anekdoten, interessanten Geschichten und Fakten zu Erfindern, Pionieren und neuen Entwicklungstrends im Fahrradverkehr bietet einen anregenden Einstieg in die Fahrradthematik.

Da sich viele Geschichten auf Erfindungen und die Gründung von Unternehmen beziehen, ist in etlichen Fällen eine Prise Gründungsmythos enthalten. So ist die Begegnung von Sachs und Daimler zu schön, um wahr sein zu können. Zu manchen Pionieren findet man auch unterschiedliche Informationen, je nach dem Land, aus dem die Darstellung stammt. Während die Deutschen Drais als Fahrraderfinder sehen, betonen Franzosen und Engländer die Wichtigkeit der Erfindung des Pedals, die beide Nationen auf ihre Fahnen schreiben. Immerhin gibt es seit 1990 eine `International Cycling History´-Vereinigung, die versucht, die historische Wahrheit ans Licht zu bringen. So wurde denn auch gegenüber der letzten Auflage Kirkpatrick Macmillan statt zu wichtigen Erfindern korrekter den erfundenen Erfindern zugeordnet. Auch wenn sich der Wahrheitsgehalt nicht aller Geschichten gänzlich klären lässt, sollte man als Fahrradfan dennoch die wichtigen Anekdoten kennen.

Neun Jahre nach der letzten Auflage (2011) liegt hiermit endlich eine Neuauflage vor, die jedoch die vielen Entwicklungen im Bereich der eBikes noch nicht ganz wiedergibt. Das soll durch weitere Neuauflagen in kürzerem zeitlichen Abstand in Zukunft erfolgen.

Berlin, im März 2020
Richard Deiss

Veränderungen in der 6. Auflage 2020

In der vorliegenden Auflage wurden gegenüber der letzten Auflage (März 2020 wurden) folgende Akteure im Fahrradbereich neu aufgenommen:

☐ Jan Gehl, dänischer Architekt und Stadtplaner, der Vorrang für Fußgänger und Radfahrer propagiert

☐ Heinrich Stößenreuther, Fahrrad- und Umweltaktivist und Mitinitiator der Initiative für ein fahrradfreundliches Berlin

☐ Alvine Cavalcande, brasilianische Radverkehrsaktivistin

☐ Boris Palmer, Bürgermeister von Tübingen und zur fahrradfreundlichsten Persönlichkeit des Jahrs 2015 gewählt.

Weitere neue Elemente sind im Buch durch eine Raute ❖ Gekennzeichnet.

Ein Teil der Statistiken im Anhang wurde zudem aktualisiert.

1. Fahrraderfinder und Unternehmer

1.1 Erfundene Erfinder

Die International Cycling-History-Conference

Im 19. Jahrhundert haben im Zuge eines wachsenden Nationalismus Länder wie Deutschland und Frankreich an den Fakten gedreht, um wichtige Meilensteine der Fahrraderfindung für sich reklamieren zu können. Im 20. Jahrhundert waren die Erfindungen dann besser dokumentiert. Um Licht ins historische Dunkel zu bringen, ist 1990 schließlich die *International Cycling-History Conference* (ICHC) gegründet worden, die versucht, mit ihren Tagungsbänden die Fahrradgeschichtsschreibung zu erneuern. Seitdem wird die historische Fahrradliteratur in vor-ICHC (mit Zuschreibungsfehlern) und nach-ICHC (auf dem Stand der Konferenz) unterschieden.
Wichtiger deutscher Mitarbeiter der ICHC ist der Fahrradexperte Hans-Erhard Lessing. Lessing war Anfang der 1980er Jahre Professor für Physikalische Chemie in Ulm und wirkte ab 1985 als Hauptkonservator an Museen in Mannheim und Karlsruhe. Lessing hat mehr als ein Dutzend Bücher zum Radverkehr und dessen Geschichte geschrieben und gilt als einer der besten Kenner des Fahrraderfinders Karl Drais. Er zeigte unter anderem den Zusammenhang zwischen der durch die Explosion des Tamora-Vulkans 1815 ausgelösten Klimakatastrophe und der Zweiraderfindung durch Drais auf. Wichtige Beiträge zur Aufklärung der Fahrradgeschichte waren zudem die Entlarvung des Leonardofahrrades als Fälschung.
Auf ihrer Homepage räumt die ICHC denn auch mit dem Mythos des Leonardo-Fahrrades auf.

Leonardo da Vinci

Leonardo da Vinci war Universalgenie, Künstler und genialer Konstrukteur. So kommt es, dass ihm sogar Erfindungen zugeschrieben werden, die er gar nicht gemacht hat. So wird eine Zeichnung eines Fahrrades in einem Notizbuch Leonardos, die von einem Schüler paraphiert wurde, als eine frühe Fahrraderfindung durch Leonardo interpretiert. Doch Experten glauben, die Skizze wurde erst später angefertigt, um Leonardo auch die Fahrraderfindung zuzuschreiben. Wie dem auch sei, Leonardo hat für das Fahrrad wichtige Erfindungen vorweggenommen, wie zum Beispiel das Kugellager.

Das Célèrifère von Sivrac

Im Jahr 1891, der Nationalismus und die deutsch-französische Rivalität waren in voller Blüte, publizierte der Franzose Baudry de Saunier ein Buch über die Geschichte des Fahrrades. Die Erfindung des Zweirades schrieb er dabei nicht dem Deutschen Drais, sondern dem Franzosen Mede de Sivrac zu, der bereits 1790 eine Laufmaschine mit zwei Rädern und einem Sattel gebaut haben soll - ein Célèrifère (abgeleitet vom Lateinischen *celer*, schnell und *ferre*, tragen). Außer dieser Erfindung ist über Sivrac und dessen Leben nichts bekannt. Und wo ist dieser wichtige Erfinder begraben? Ein Grab ist nicht nötig, denn dieser Sivrac hat nie gelebt.

Efim Artamonov und die frühe Radtour

Im Jahr 1801, zur Zeit der Krönung des Zaren Alexander I. sollen die Moskauer und die damals in der Stadt weilenden internationalen Besucher Zeuge gewesen sein, wie ein nie zuvor gesehenes, zweirädriges eisernes Gefährt durch die Stadt rollte. Der Russe Erim Artamonov soll dieses erste Fahrrad in der Uralstadt Jekaterinburg gebaut und damit über 1000 Kilometer nach Moskau zurückgelegt haben. Selbst russischen Historikern kam diese Geschichte suspekt vor und nach genaueren Untersuchungen des Materials und der historischen Fakten geht man in Russland heute davon aus, dass Artamonovs Eisenrad aus der Zeit nach 1868 stammen muss. Auch ist Artamonov sicher nicht bis Moskau geradelt, sondern höchstens von seinem Hof bis Jekaterinburg. In der Fußgängerzone dieser Stadt steht trotzdem ein Denkmal für den vermeintlichen Erfinder.

Ende der 1860er Jahre waren in Russland übrigens nicht nur Eisenfahrräder, sondern auch Eisfahrräder unterwegs, die hinten zwei Kufen statt Räder hatten.

Der angeblich erste Unfall mit Pedalen

Manch britische Quelle berichten über folgende Fahrradanekdote: Im Jahr 1830 stellte der junge Kirkpatrick Macmillan (1812-1878) aus Dumfries in Schottland das erste Fahrrad mit Pedalen vor. Jedoch patentierte er seine Erfindung nie und sie setzte sich im Ort nicht durch. Macmillan wurde jedoch durch einen kleinen Unfall beim Testen des Pedalrades für kurze Zeit bekannt: Er stieß mit einem Kind zusammen und musste 5 Schilling Strafe zahlen - somit hatte er den ersten Radverkehrsunfall der Geschichte verursacht.

Nach Ansicht von ICHC-Experten gehört Macmillan zu den im nationalistischen Überschwang des 19. Jahrhunderts erfundenen Fahrraderfindern. Eine Wikipedia-Seite zu Macmillan zeigt auf, dass dessen wohlhabender Neffe James Johnston Ende der 1880er Jahre mit patriotischen Fahrradblatt-Redakteuren eine Kampagne lancierte, um deren schottische Heimat Dumfries als Geburtsort des Fahrrades zu etablieren.

1.2 Wichtige Fahrraderfinder

Der Fahrraderfinder und der Vulkanausbruch

Als der Karlsruher Karl Drais (sein voller Name lautete Karl Friedrich Christian Ludwig Freiherr von Sauerbronn, der Demokrat Drais legte später seinen Adelstitel nieder) um 1815 ein Laufrad aus Holz, erfand, war das Interesse in der Bevölkerung eher begrenzt. Doch schließlich sollte ein Vulkanausbruch im fernen Indonesien helfen, die Erfindung populärer zu machen. Als der Vulkan Tambora im April 1815 ausbrach, sank die Durchschnittstemperatur durch die Ascheemissionen weltweit um 3 Grad Celsius und es folgte ein Jahr ohne Sommer, mit Frösten im Juli und in Neuengland sogar Schnee im August ('kleine Eiszeit'). Dieses kalte Wetter führte zu einer schlechten Ernte und so wurde auch das Pferdefutter knapp, Pferde mussten geschlachtet werden. Dies machte wiederum den Transport mit Pferden teuer und plötzlich schien Drais´ Erfindung eine interessante Alternative dazu zu sein. In späteren Jahren verbesserten sich die Ernten jedoch wieder, der Nutzen des Laufrades relativierte sich und die Popularität des Fahrrades stieg erst wieder Jahrzehnte später, nach der Erfindung von Pedal und Luftreifen.

☞ Apropos Vulkan: für den Luftreifen war übrigens das vom Amerikaner Charles Goodyear (1800-1860) entwickelte Vulkanisieren (dem Gummi wird Schwefel zugesetzt) wichtig. Der Chemie-Autodidakt Goodyear soll mit verschiedenen Materialien experimentiert haben, um den bei Hitze weichen und klebrigen Kautschuk belastbarer zu machen. Im Jahr 1839 kam ihm ein Zufall zu Hilfe, denn eine Schwefel-Kautschuk-Mischung fiel auf eine heiße Herdplatte. Das Gemisch erwies sich als trocken und elastisch. Der mit Schwefel versetzte Kautschuk war zu Gummi geworden.

Das Denkmal für Michaux

Der Franzose Pierre Michaux erfand das Pedal schließlich 1861 von neuem, und 1866 wurde dann in Washington von einem anderen Franzosen, Pierre Lallement, ein Patent dafür eingereicht. Als im Jahre 1891 im Zuge eines aufkommenden Nationalismus von den Deutschen Drais feierlich als Vater des Fahrrads proklamiert und der Freiherr 40 Jahre nach seinem Tod noch einmal feierlich begraben wurde, wollten die Franzosen nicht nachstehen und die Erfindung des Fahrrades wiederum für ihren Landsmann Pierre Michaux reklamieren. In Bar-le-Duc wurde deshalb ebenfalls mit großem Pomp ein Denkmal errichtet. Davor gab es allerdings unterschiedliche Meinungen darüber, ob Pierre Michaux, seinem bereits verstorbenen Sohn Ernest oder einem Dritten die Ehre zukam. Schließlich einigte man sich darauf, mit dem Denkmal Vater und Sohn Michaux gleichzeitig zu ehren.

Dunlop und der Luftreifen

Obwohl der Schotte Robert William Thomson (1822-1873) bereits 1846 den ersten Luftreifen entwickelte und patentierte, wurde erst der Schotte Dunlop als Luftreifenerfinder berühmt. Motiv für die Weiterentwicklung des Luftreifens durch den in Belfast tätigen Tierarzt John Boyd Dunlop (1840-1921) war sein Dreirad fahrender Sohn, der mit seinem Gefährt tiefe Spuren in den Garten zog. Außerdem hatte er Angst, sein Sohn würde durch die ungefederten Stöße in die Lenden unfruchtbar. Dunlop entwickelte auch das Fahrradventil, sein erstes hatte er aus einem Babyschnuller gebastelt.

Michelin und die Luftreifen

Die Gebrüder Michelin betrieben im 19. Jahrhundert in Clermont-Ferrand in Zentralfrankreich eine Gummifabrik.

Eines Tages kam ein Radfahrer vorbei, dessen Luftreifen repariert werden musste. Der Reifen war an der Felge festgeklebt. Die Michelins brauchten 3 Stunden, um den Reifen zu lösen und ihn zu reparieren. Über Nacht musste man ihn noch trocknen lassen. Eduard Michelin testete am nächsten Tag den reparierten Reifen im Hof der Firma, doch schon nach wenigen hundert Metern ging die Luft aus. Trotzdem war Eduard vom Konzept des Luftreifens begeistert und die Brüder begannen, eine verbesserte Version zu entwickeln, die nicht mehr an der Felge festgeklebt werden musste. Im Jahr 1891 erhielten die Michelins ein Patent für einen abnehmbaren Luftreifen. Später wurde Michelin immer mehr zu einer Autoreifenfirma und das Maskottchen *Bibendum* setzt sich nicht mehr, wie ursprünglich, aus Fahrradreifen, sondern aus Autoreifen zusammen.

Das amerikanische Patentamt

Das amerikanische Patentamt in Washington war im 19. Jahrhundert Maß aller Dinge. Kein Wunder, dass einst französische Erfinder wie Lallement hier ihre Fahrradpatente einreichten. In der Folge entwickelten sich Patente und Fahrradtechnik so schnell weiter, dass es 1895 in den USA zwei Patentämter gab, eines für Fahrräder und eines für die übrige Technik. Trotzdem glaubten manche, dass die technische Entwicklung bald ausgereizt sein würde. Dem Kommissar des US-Patentamtes Charles H. Duell wird das Zitat in den Mund gelegt, „*Everything that can be invented, has been invented*", welches er 1899 geäußert haben soll. Doch ist so etwas in Wirklichkeit nie von einem Patentamtsmitarbeiter gesagt worden.

Ernst Sachs und die Fahrradnabe

Nach einer Familienlegende kam der junge schwäbische Mechaniker Ernst Sachs (1867-1932) einst an einem dieser neuartigen Fahrzeuge ohne Pferd, aber mit Motor vorbei, das mit einer Panne liegen geblieben war. Der Autofahrer hieß Gottlieb Daimler und der junge Sachs schmiedete einen Bolzen für die gerissene Kette. Der Mechaniker nahm die Erkenntnis mit, dass sich in der Automobilbranche als Zulieferer gut Geld verdienen lässt. Zunächst aber entwickelte Sachs, der sich nach einem Kuraufenthalt in Bad Kissingen im nahen Schweinfurt niederließ, eine Präzisionsnabe, die er nach ständigen Verbesserungen ab 1903 schließlich als Torpedo-Nabe vermarktete (in der damaligen Zeit bewunderte man die Marine). Sachs war damit der Erfinder der Nabenschaltung mit Rücktrittbremse. Die Firma wuchs mit diesem für die Fahrradherstellung wichtigen Produkt, gelangte zu Weltruf und wurde 1923 in eine AG umgewandelt. Schließlich wurde das Unternehmen von den Vereinigten Kugellagerfabriken Schweinfurt übernommen, die sich später auf die Herstellung von Komponenten für die Kfz-Industrie spezialisierte. So kam die Erkenntnis des jungen Mechanikers doch noch zum Tragen.

Stanley R. Day und SRAM

Heute gehört Sachs zur amerikanischen Firma SRAM. SRAM wurde 1987 von Radsportlern in Chicago gegründet und trat durch die Erfindung des Drehgriffschalters für Mountainbikes hervor. SRAM steht für die Gründer Scott, Ray and Sam, wobei Ray der zweite Vorname des heutigen Firmenleiters Stanley R. Day ist. Allerdings waren etliche juristische Auseinandersetzungen mit Shimano nötig, bevor sich SRAM auf dem Markt durchsetzen konnte. Zehn Jahre später war die Firma jedoch bereits so stark, dass sie Sachs übernehmen konnte. Heute ist SRAM der zweitgrößte Fahrradkomponentenhersteller nach Shimano.

Heinz Obermayer und die Carbonräder

Nachdem sich Aluminiumrahmen im Mountainbikebereich durchgesetzt haben, gibt es einen neuen Techniktrend zum noch leichteren Carbonrad. Gewichtsersparnis ist vor allem im Radsport von Bedeutung, aber Kohlenstoff ist ein Material, bei dem Techniker teilweise noch Pionierarbeit leisten müssen. Zu den Pionieren im Bereich der Konstruktion von Carbonrädern für den Radsport gehören überraschenderweise zwei nicht mehr ganz junge Oberbayern, Heinz Obermayer (*1941) und Rudolf Dierl. In einer kleinen Werkstatt in einem Bauernhof bei München experimentierten die beiden gelernten Werkzeugmacher hinter abgedunkelten Fenstern (die Konkurrenz sollte nichts mitbekommen) mit einer Mischung von Kohlefasern, Isolierschaum und Aramit. In einem *Spiegel-Online* Interview im Juli 2004 verriet Obermayer verblüffende Produktionsgeheimnisse: in einem Leberkäsofen vom Sperrmüll backten sie die Carbonleichträder (440 g) zusammen. Geheizt wurde mit einer LKW-Standheizung, getrocknet wurde auf einem Kleiderständer. Der Aerodynamiktest war ebenfalls einfach: Obermayer hielt das Gesicht ans Rad, je weniger Luftverwirbelung er spürte, desto besser. 2001 kam der Durchbruch als Lance Armstrong mit einem solchen Leichtrad die Tour de France gewann und plötzlich rannten die besten Radsportler den beiden die Türen ein. Im Herbst 2003 verkauften sie das Produktions-Know-how an die Friedrichshafener Firma Carbonsports. Dort werden die Leichträder unter dem Markennamen Lightweight Wheels mittlerweile produziert (www.carbonsports.de). Obermayer, der die Produktion dort auch überwacht und Mitarbeiter anlernt, tüftelt mittlerweile an weiteren technischen Verbesserungen für den Radsport, während sich Dierl ins Privatleben zurückgezogen hat.

1.3 Erfinder Zubehör

Otto von Guericke und die Luftpumpe

Als technisches Genie gilt der Magdeburger Otto von Guericke (1602-1686). Er war der Begründer der Vakuumtechnik und erfand bereits 1649 die Kolbenvakuumluftpumpe. Guericke demonstrierte den Vakuumeffekt und die Kraft des Luftdrucks auf spektakuläre Weise: Im Sommer 1657 ließ er zwei Halbkugeln aus Kupfer mit einer Dichtung zusammenlegen und pumpte die Luft aus ihnen heraus. Vor jede Halbkugel wurden dann 8 Pferde gespannt, die die beiden Hemisphären auseinanderreißen sollten, was den Pferden jedoch nicht gelang. Guericke kann als Erfinder der Luftpumpe, auch als Vater der Fahrradpumpe gesehen werden, die mit der Einführung der Luftreifen notwendig wurde.
☞ Eine auf Saugen eingestellte Fahrradpumpe spielte dann um 1900 eine wichtige Rolle bei der Entwicklung des ersten Staubsaugers durch den Briten Hubert Cecile Booth (1871-1955).

Brooks und der Fahrradsattel

Im Jahr 1865, hatte der 19Jährige Engländer John Boultbee Brooks (1846-1921) eines dieser neumodischen Velozipede gekauft. Doch nach einer Fahrt des damals üblicherweise ungefederten Fahrrades mit seinem harten Holzsattel tat ihm der Hintern ziemlich weh. Brooks´ Vater stellte Pferdesattel her und so kam dem jungen Brooks die Idee, auch für sein Fahrrad einen Ledersattel zu bauen. Im Pferdestall der Familie entstanden die ersten Brooks-Sättel. Ab 1866 hatte Brooks in Birmingham eine kleine Produktionsstätte für Lederwaren eingerichtet. Doch da der Fahrradabsatz zunahm, konzentrierte sich Brooks ab 1870 auf die Produktion von Fahrradsätteln.

1882 führte Brooks schließlich den ersten Sattel mit Sprungfedern ein. Brooks erhielt etliche Patente für andere Neuerungen, wie Fahrradgepäcktaschen, Werkzeugtaschen, Lenkerummantelungen, Fahrradschuhe und vieles mehr. Im Jahr 1926 wurde schließlich der noch heute populäre Fahrradsattelklassiker B66 eingeführt. 1935 stellte Brooks 1.6 Millionen Sättel her - 60 % der britischen Fahrradsattelproduktion dieses Jahres. In den 1950er produzierten in der Firma bei Birmingham schließlich 15000 Mitarbeiter 4 Millionen Sättel im Jahr. Doch Mitte 70er Jahre kamen Plastiksättel auf und mit dem Sattelhersteller, der 1958 von der englischen Fahrradfirma Raleigh aufgekauft wurde, ging es rasch bergab. Im Jahr 2002 wurde Brooks schließlich von dem italienischen Sattelhersteller Selle Royal übernommen. Doch die Brooks-Sättel behielten einen harten Kern von Fans, eine Retro-Welle stabilisierte die Nachfrage. Heute stellen 22 Mitarbeiter an alten Maschinen etwa 80 000 Brooks-Sättel pro Jahr von Hand her (www.brookssaddles.com).

Selle Royal und der transparente Sattel

Der italienische Sattelhersteller Selle Royal wurde 1956 in einer Werkstatt von Riccardo Bigolin gegründet, noch heute Vorstandsvorsitzender der Firma. Selle Royal hat bereits 1971 den Trend zu Plastiksitzen aufgenommen und seit den achtziger Jahren setzte man auf den Kunststoff Polyurethan, dem auch Inlineskater und Skateboarder komfortable Rollen verdankten. Denn auf diesem Kunststoff basierte das vom deutschen Bayer-Konzern entwickelte Royalgel, für welches Selle Royal die weltweite Lizenz besitzt. Dieses Material weist sehr gute stoßdämpfende Eigenschaften auf. Die Sättel sollen 40% der Stöße abfedern. Mittlerweile hat die Firma zudem Sättel entwickelt (die LOOKIN-Serie), die ein transparentes Fenster aufweisen, durch die sich das Gel beobachten lässt. Und schließlich entwickelte man unterschiedliche Sättel für Frauen und Männer, die an die jeweilige Anatomie angepasst sind, sowie durch den Einsatz spezieller Materialien Sättel, die sich beim Radfahren weniger erwärmen und dadurch 25% kühler sind (was die Zeugungsfähigkeit männlicher Radfahrer positiv beeinflussen soll). Heute produziert Selle Royal pro Jahr etwa 15 Millionen Fahrradsättel, 15% der Weltproduktion. Bei den Qualitätssätteln beträgt der Marktanteil 30% weltweit, in Europa sogar 50% und in Deutschland 60%.

Cannondale

Der Amerikaner Joe Montgomery wurde um 1970 von einer Pechsträhne verfolgt. Ein Unfall kostete ihn fast das Leben, er brach das Studium ab und bei einer anschließenden Segeltour in der Karibik erlitt er Schiffbruch. Doch schließlich fand Montgomery einen Wall-Street-Finanzjob. Dort lernte er vieles über die Funktionsweise von Unternehmen und ihm kam die Idee, eine eigene Firma für Fahrradtaschen zu gründen. Die Anfänge waren bescheiden - in einer kleinen Produktionsstätte über einer Gewürzgurkenfabrik. Als der Angestellte Peter Meyers zum öffentlichen Fernsprecher am nahe gelegenen Bahnhof Cannondale ging, um einen Telefonanschluss für die Firma zu beantragen, wurde er von der Telefongesellschaft gefragt, unter welchem Namen die noch namenlose Firma eingetragen werden sollte. Doch war Meyers so wenig auf die Frage vorbereitet, dass ihm nur der Name des Bahnhofs - Cannondale - einfiel. Mit der Entwicklung des ersten Fahrradanhängers, mit dem man kleine Kinder mitnehmen konnte, machte die Firma schließlich ihre erste Million. Später zeichnete sich Cannondale durch die Produktion von Fahrrädern mit Aluminiumrahmen aus.

Tullio Campagnolo und die Schnellspann-Nabe

Der italienische Radsportler Tullio Campagnolo musste 1927 in einem Radrennen in den Dolomiten das Hinterrad wechseln. Durch die Kälte hatte er klamme Finger und ärgerte sich, weil er das Hinterrad nicht schnell genug ausbauen konnte und so das Rennen verlor. Diese Erfahrung brachte ihn auf die Idee einer Schnellspannnabe, für die er 1930 ein Patent erhielt. Im selben Jahr erfand er noch die Gestänge-Kettenschaltung. 1933 gründete er eine eigene Firma, produzierte aber bis 1940 alles selbst. Im Laufe der Zeit brachte er es zu 135 Patenten. Am Croce d´Aune Pass in den Dolomiten weist ein Denkmal noch heute auf die Geschichte mit dem defekten Hinterrad Campagnolos hin.

Zavrakis und die reflektierenden Speichen

Der griechische Wirt Anastasios Zavrakis (*1957) legte mit seinem Restaurant an der Hamburger Elbchaussee in den neunziger Jahren eine Pleite hin und überlegte sich, wie er seine Schulden von über 1 Million Euro verringern könnte. Zavrakis dachte an eine Erfindung und kam 1994 auf die Idee einer reflektierenden Fahrradspeiche. In der Deutschlandzentrale von 3M in Neuss fand er aufgeschlossene Ansprechpartner, die an seiner Idee interessiert waren und auch reflektierende Folien herstellten. 2001 war schließlich die richtige Folie gefunden. Zavrakis Stieftochter beklebte damit 3000 Speichen und Reflektionsmessungen im Labor zeigten die Wirksamkeit. Die relevanten Behörden gaben das OK und ein Patent wurde erteilt. Von den nur 4 in Europa verbliebenen Fahrradspeichenherstellern meldete schließlich die Fahrradkomponentenfirma Büchel in Fulda Interesse, und seit 2003 sind die reflektierenden Fahrradspeichen im Handel. Was aus Zavrakis Schulden wurde, ist nicht bekannt.

Cino Cinelli und die Lenkstange

Cino Cinelli (1916-2001) war ein weitere italienischer Radsportler, der später (1946) ein Fahrradunternehmen gründete. Cinelli war zudem erfindungsreich und half seinem Geschäftsfreund Campagnolo beid er Produktentwicklung. Cinellis´Handbuch Cycling (1972) gilt in Italien noch heute als Radsport-Bibel. Auf Cinelli und seine gleichnamige Firma gehen unter anderem der gebogene Fahrradlenker, der erste Kunststofffahrradsattel und die Weiterentwicklung der clipless-Pedale zurück.

Hans Christian Smolik

Am 2. August 2010 starb Hans Christian Smolik, der in der Szene als Fahrradtechnik-Papst galt und viele Fachbücher zur Fahrradtechnik publizierte, darunter Das große Fahrradlexikon. Smolik erdachte zahlreiche technische Verbesserungen und Innovationen im Bereich der Rennradbrems- und Schalttechnik. 1981 entwickelte er eine im Bremsgriff eingebaute Schrittschaltvorrichtung. Das entsprechende Patent wollte damals keiner haben. Die Entwicklung wurde jedoch zum Vorläufer der heutigen Brems-Schaltgriffe. Patente hatte er auch für ausgefallene Ideen, so für eine Fahrradgabel mit negativer Krümmung. Im Jahr 2004 baute Smolik das mit 3,7 kg leichteste Rennrad der Welt. Im Sommer 2010 erschien, wenige Tage vor Smoliks Tod, sein letztes Werk `*Das Elektrorad*´. Hans-Christian war schon als Kind ein Frühaufsteher und Bastler. Seine Schwester erinnert sich: `*kaum war es hell, stand er bereits an Mamas Bett*´.Die meinte: `*Kannst du dich nicht selbst beschäftigen und mich noch ein bisschen schlafen lassen?*´. Darauf Christian: `*Das habe ich schon, ich habe alle Knöpfe meiner Lederhose abgeschnitten und schon wieder angenäht*´.

1.4 Entwicklung besonderer Fahrradtypen

Das Pedersen-Fahrrad

Im Jahr 1920 ging ein dänischer Tourist durch die Straßen Londons, als ihm ein ärmlich gekleideter alter Mann auffiel, der Streichhölzer verkaufte. Er erkannte in ihm seinen alten Freund Mikael Pedersen (1855-1929) wieder, der nach England ausgewandert war, dort speziell konstruierte Fahrräder produzierte, schließlich aber verarmte. Mikael Pedersen blieb den Engländern lange ein Rätsel. Sie fragten sich, woher genau er gekommen war, warum er nach England kam und was er vorher machte. Schließlich sandte die englische Zeitung „The Times" einen Reporter nach Dänemark, der seine Familie ausfindig machen und mehr über Pedersen herausfinden sollte. Doch dies blieb ohne Ergebnis, denn in Dänemark ist der Name Pedersen so verbreitet, dass der Reporter nicht herausfinden konnte, welches seine Verwandten waren. Obwohl Pedersen als Unternehmer nicht erfolgreich war, gibt es die Pedersen (-Dursley) Fahrräder, die nicht den üblichen diamantförmigen Fahrradrahmen aufweisen, noch heute. Im Jahre 1995, 140 Jahre nach Pedersens Geburt, wurde dessen Überreste aus einem Armengrab in Dänemark geholt und feierlich in Dursley in England, wo noch heute Pedersen-(Dursley) Fahrräder hergestellt werden, beigesetzt.

Moulton-Klappräder

1959 kam der Rover Mini in Großbritannien auf den Markt. Durch die Ölrationierung nach der Suezkrise war ein Markt für sehr kompakte und sparsame Autos entstanden. Am Mini war alles klein, auch die Räder. Deshalb kam ein neues Gummifederungssystem zum Einsatz, das durch den Erfinder Alex Moulton (*1920) entwickelt worden war. Drei Jahre später kam Moulton mit einem von ihm entwickelten Fahrrad auf den Markt, das ebenfalls die Gummifederung nutzte und kleine Räder hatte. Wie der Mini-Cooper und der Minirock wurde auch das von seinem Erfinder als Mini-Bike bezeichnete Fahrrad eine Ikone der 1960er Jahre. Interessanterweise haben Ökonomen eine Korrelation zwischen Rocklänge und Wirtschaftskonjunktur festgestellt. In Rezessionszeiten werden Röcke länger, in Boomzeiten sind sie kürzer. Vielleicht gilt Ähnliches für die Reifengröße - in Boomzeiten sind die Leute spielerischer und experimentieren eher mit Fahrzeugen mit kleinen Reifen, teilweise als Zweitfahrzeug. Die kleinsten Räder hatten schließlich Kickboards, die mit dem New Economy Boom plötzlich aufkamen und nach dem Platzen der Blase schnell wieder verschwanden. Der Boom der Moulton-Räder hielt bis in die siebziger Jahre an, damals war jedes vierte Rad in Deutschland ein Klapprad. Heute erleben Klappräder, wie das Moulton, wieder eine Renaissance, da sie nicht nur in den Kofferraum passen, sondern auch in öffentlichen Verkehrsmitteln mitgenommen werden können. Der hoch betagte Alex Moulton ist immer noch im Unternehmen aktiv.

Das BMX-Rad

In den späten 1960er Jahren begannen die Kids in Kalifornien den Motocross-Sport mit robusten Fahrrädern zu imitieren. Diese wurden später für den BMX-Radsport entsprechend weiterentwickelt. BMX steht dabei für Bicycle Motocross, das X für das Kreuz. Vorläufer waren die Stingray-Räder in den USA und die Bonanza-Räder in Europa. Der Höhepunkt des BMX wurde in den frühen 1980ern erreicht, selbst der Außerirdische E.T. ritt im Film auf einem. Seither haben Mountainbikes die BMX-Räder teilweise abgelöst. Bekanntester BMX-Sportler war der Amerikaner Mat Hoffman (*1972), er besitzt heute eine eigene Fahrradfirma, die Hoffman-Bikes.

Das Mountainbike

Im Jahr 1973 begannen der Radsportler Gary Fisher (*1950) und sein Freund Joe Breeze mit einem umgebauten robusten Fahrrad der Marke Schwinn aus den 1930er Jahren den 850 Meter hohen Berg Tamalpais in Kalifornien auf einem Schotterweg herunterzufahren. Dies gilt als Geburtsstunde des Mountainbikes. Schließlich baute dann 1977 Joe Breeze spezielle Geländefahrräder. Doch diese konnten Fisher noch nicht überzeugen. Schließlich fand Fisher mit Tom Ritchey einen Konstrukteur, der seine Vorstellungen umsetzen konnte. Fisher beschloss, weitere Fahrräder produzieren zu lassen und diese zu vertreiben. Er nannte seine Firma *Mountainbike* und so war das Mountainbike schließlich entstanden. Es verhalf dem Fahrrad in Amerika und Europa in den achtziger und neunziger Jahren zu einer Renaissance, da es jüngere und sportliche Nutzerkreise ansprach.

Das Christiania Bike

In Kopenhagen gibt es den so genannten Freistaat Christiania, der 1971 als Protest gegen die Regierung in von der Armee geräumten Baracken östlich der Innenstadt gegründet wurde. Hier entwickelte sich schnell alternatives Leben, mit liberaler Drogenkultur. Um ihren Lebensunterhalt zu verdienen, fingen Bewohner von Christiania später damit an, Fahrradanhänger zu produzieren. Daraus entwickelte sich 1984 ein Lastendreirad, das die Ladefläche vorne hat und das noch heute von den Briefträgern der Stadt genutzt wird. Christiania-Lastenfahrrad wurde schließlich zu einem Markennamen, der heute für robuste Qualität steht.

Das Brompton-Faltrad

Dem britischen Landschaftsgärtner Andrew Ritchie kam 1975 ein Faltrad der Firma Bickerton in die Hände. Da er mit dessen Konstruktion nicht zufrieden war, versuchte er selbst eine verbesserte Version eines Faltrades zu basteln. Doch fand er keinen kommerziellen Hersteller für sein Konzept. Er entwickelte weitere Varianten im Schlafzimmer seiner Londoner Wohnung, von der aus die Brompton-Kapelle sah (daher der Firmenname). Als er auch für die neuen Modelle keinen interessierten Hersteller fand, beschloss er, die Sache selbst in die Hand zu nehmen und überredete 30 Freunde und Bekannte ihm eines der noch zu bauenden Räder abzukaufen. Schließlich gelang es Ritchie, die 30 Räder zu bauen und prompt waren andere da, die auch so ein Rad wollten. Als er bereits 500 Fahrräder hergestellt hatte, dachte Ritchie daran, aufzugeben, da immer noch kein Kapital vorhanden war, eine kommerzielle Produktionsstätte zu errichten. Doch wieder half ihm ein Freund aus der Patsche und schließlich wurde im Bogen einer Eisenbahnbrücke eine Produktionsstätte eingerichtet. Die kleine Firma expandierte kontinuierlich und schließlich nahm man einen weiteren Bogen der Eisenbahnbrücke in Beschlag, bevor die Firma in größere Räumlichkeiten umzog. Im Jahre 1995 bekam Brompton einen königlichen Preis für exportwirtschaftliche Leistungen. Heute werden Brompton-Räder in 30 Länder exportiert.

Das Dahon-Faltrad

Noch mehr Falträder stellt die amerikanische Firma Dahon her. Dahon wurde vom chinesischstämmigen Amerikaner David Hon gegründet. Dieser war in den siebziger Jahren als Physiker bei Hughes Aircraft in Kalifornien beschäftigt. Er erwarb zahlreiche Patente in der Lasertechnik und er entwickelte Techniken, die später beim Space-Shuttle-Projekt und bei Laser gesteuerten Waffen zum Einsatz kamen. Dass er mit der Entwicklung von Rüstungstechnologien beschäftigt war, machte Hon jedoch unglücklich. Als er in der Ölkrise im Jahr 1975 zum wiederholten Male in einer Autoschlange an einer Tankstelle stundenlang auf die Tankfüllung warten musste, fiel ihm plötzlich auf, wie sehr die Welt vom Öl, abhing. Er überlegte sich, was er tun könnte, um die Abhängigkeit von dieser nicht erneuerbaren Ressource zu verringern und kam auf das Fahrrad, ein Verkehrsmittel, mit welchem er sich als Student hauptsächlich bewegt hatte. Das Fahrrad war aus seiner Sicht jedoch nur für kürzere Strecken geeignet. Für größere Entfernungen, musste jedoch etwas am Fahrrad verändert werden, damit man es mit anderen Verkehrsmitteln kombinieren konnte. Hon kam so auf das Faltrad. In den nächsten 7 Jahren baute Hon in seiner Garage Dutzende Prototypen. Im Jahre 1982 hatte er dann ein Modell, mit dem er zufrieden war. Nach seinem eigenen Namen nannte er es Dahon. Dieses Fahrrad gewann weltweit etliche Designpreise, doch keiner der namhaften Fahrradhersteller war daran interessiert, es zu produzieren. So entschloss sich Hon, das Fahrrad auf eigene Faust herzustellen. Er kündigte seinen Job, trieb 3 Millionen Dollar auf, zog nach Taiwan um und baute dort eine Fabrik auf. Ab 1983 rollten dann die Dahon-Fahrräder vom Fließband und bis heute hat Hon 2 Millionen Stück verkauft.

Das Sinclair A-Bike

Der Brite Clive Sinclair (*1940) gilt als universell begabter Erfinder. Er hat Taschenrechner entwickelt, den kommerziell erfolgreichen Heimcomputer ZX und schließlich das Elektrofahrzeug C5. Obwohl der C5 ein ziemlicher Reinfall war, versuchte er sich später nochmals an Verkehrsmitteln und entwickelte ein ultraleichtes

Klappfahrrad, das A-Bike. Dieses wurde so genannt, weil es im aufgeklappten Zustand einem A ähnelt. Die Räder sind allerdings fast so klein wie bei Inlineskates und der Fahrkomfort lässt deshalb zu wünschen übrig. Das A-Bike gilt deshalb nicht gerade als großer Renner, selbst bei Faltradfans.

Mesicek und das Hochrad

In den 1870er Jahren kannte man nur den Tretkurbelantrieb, Übersetzung und Kette waren noch nicht entwickelt und so konnte man die Geschwindigkeit eines Fahrrades nur steigern, indem man immer größere Räder baute. Eine Hochradphase setzte ein, Fahrräder mit mannshohem Vorderrad und kleinem Hinterrad. Diese Fahrräder waren nicht nur schwer zu besteigen, es bestand auch wegen des hohen Schwerpunktes die Gefahr, beim Bremsen nach vorn zu kippen, was zu vielen Verletzungen führte. Die Hochradentwicklung endete schließlich in einer Sackgasse und ab den 1890er Jahren setzten sich so genannte Sicherheitsfahrräder mit zwei gleich großen, niedrigeren Rädern durch. Doch in den letzten Jahrzehnten haben Hochräder neue Fans gewonnen.

Der Tscheche Josef Mesicek entdeckte in den 1990er Jahren zufällig ein altes Hochrad und reparierte es. Doch ein Rad war nicht genug, denn jedes der 64 Mitglieder in seinem Fahrradclub wollte das Hochrad mal ausprobieren. So entschloss sich Mesicek in Mähren weitere Hochräder zu bauen und mittlerweile ist seine Manufaktur, die er mit seinem Sohn Zdenek in Celoznice betreibt, _die_ Adresse für Hochradfans weltweit. Fahrräder mit Felgen zwischen 28 und 56 Zoll werden mittlerweile angeboten. Zurzeit arbeiten die Mesiceks laut ihrer Webseite an einer Dreiradrekonstruktion (www.mesicek.cz).

Van Andel und das Bakfiets

Seit sich bei ihm mehrfach Nachwuchs einstellte hatte der holländische Alltagsradler Maarten van Andel ein Transportproblem. Wie konnte er das Radfahren mit dem Transport zweier Kleinkinder vereinbaren? Schließlich bastelte er sich selbst eine Lösung, ein Fahrrad mit verlängertem Radstand, das zwischen Lenker und Vorderrad mit einem Trog ausgestattet ist, in welchen Kleinkinder passen (später wurden aus Sicherheitsgründen auch Gurte eingebaut). Das Ganze nannte er Bakfiets, gründete die Firma Bakfiets (www.bakfiets.nl) und produziert dieses Vehikel seit 2002 in Amsterdam. Verkauft werden die Bakfiets vor allem in den Niederlanden und den USA. Mittlerweile wurde die Modellpalette um Cargobikes erweitert. Wie in diesem Metier üblich, traten bald chinesische Nachahmer auf den Markt und Van Andel musste sich gegen die Billigplagiate wehren. Der Erfinder versah deshalb seine Bakfiets-Fahrräder mit einer Van Andel-Plakette.

Eric Staller - vom Octos zum Cobi

Der amerikanische Künstler Eric Staller brachte 1991 das 8-Personenfahrrad *Octos* auf den Markt. 7 Personen sitzen dabei in einem Kreis und strampeln, die achte Person steuert. Zur Performance dieses Gesamtkunstwerkes trugen die 8 Radfahrer durch von Staller entworfene schwarzweisse Fahrradanzüge mit Kapuze bei.

1994 zog Staller nach Amsterdam und als er dort den Octos vorstellte kam bald die Frage, wo man diesen denn kaufen konnte. So entschied sich Staller, das Gefährt für einen größeren Markt als Siebensitzer unter dem Namen ConferenceBike (CoBi) zu entwickeln. Sein Ziel war, langfristig davon 1000 abzusetzen. Mittlerweile hat er 250 verkauft und die Nachfrage zieht an. Oft ordern US-Firmen (z.B Google) CoBis für den Firmencampus.

Das Bambusrad

1996 suchte der kalifornische Fahrradrahmendesigner Craig Calfee für eine Fahrradmesse nach einer besonderen Idee. Die fand er schließlich, als er seinen Hund ausführte. Der Pitbull-Labrador verbiss sich nämlich in einen Bambusstock. Als der Hund diesen endlich freigab hatte Craig zu seiner Überraschung einen unversehrten Stock in den Händen. Von der Belastbarkeit dieses Materials fasziniert, beschloss Craig, das Messefahrrad mit einem Bambusrahmen auszustatten. Obwohl der verwendete kalifornische Bambus etwas zu flexibel war wurde das Rad zum Zuschauermagnet. Calfee entwickelte schließlich eine Technik, das Splittern der Rohre zu vermeiden und die Enden mit Hanf und Epoxydharz zu verbinden und konnte so Mountainbike-Rahmen aus Bambus anbieten. Ein Bambus-Mountainbike-Rahmen kostet bei Calfee (nach Spiegel Online vom 6. Januar 2010) 2700 $. Da das Bambusrad auch für Entwicklungsländer geeignet ist unterrichtete Calfee im Februar 2008 Afrikaner im Bau von Bambusrädern. Calfee hat zudem ein Bambuslastenfahrrad und ein *bamboo school bus bike*, welches 6 Personen befördern kann, entwickelt.

Tall bikes (hohe Räder)

In den 1950er Jahren regnete es in Bugbrook in Northamptonshire in England oft so stark, dass die Gebrüder Clark besonders hohe Fahrräder bauten, um auch bei Überschwemmungen noch zur Arbeit radeln zu können. Solche Bastelarbeiten wurden in den letzten Jahren bei alternativen Fahrradfreaks wieder in. Dazu beigetragen haben die Amerikaner Jacob Houle und Per Hanson, die 1992 in Minneapolis den *Hard Times Bike Club* gründeten. Daraus ist später der *Black Label Bike Club* geworden, der *tall bikes* (hohe Räder) und entsprechende Wettbewerbe bei Fahrradfreaks populär machte.

2. Fahrradherstellung

2.1 Fahrradproduktion in Zahlen

Die weltweite Fahrradproduktion

Die weltweite Fahrradproduktion ist seit fast 2 Jahrzehnten mit 100 Millionen Fahrrädern pro Jahr relativ stabil. Damit werden jährlich doppelt so viel Fahrräder produziert wie Autos. In den letzten Jahren zog jedoch die weltweite Autoproduktion an, während die Fahrradproduktion nach einem Anstieg in jüngster Zeit wieder sinkt. Und beides liegt an Produktion und Nachfrage in der *Fabrik der Welt* - China.

Die Fabrik der Welt

China produzierte im Jahr 2019 etwa 70 Millionen Fahrräder (einschließlich, mit wachsender Tendenz, 25 Millionen elektrische Fahrräder), was etwa 60% (vor 10 Jahren waren es noch fast 70%) der Weltproduktion von etwa 120 Millionen Fahrrädern entspricht. Durch die steigende Motorisierung ist der chinesische Heimatmarkt geschrumpft, und die chinesische Fahrradproduktion geht in den letzten Jahren zurück, allerdings mit einem immer höheren Anteil von Elektrofahrrädern. Davon wurden etwa 20 Millionen exportiert, allerdings seit den Antidumpingzöllen der EU nur wenige nach Europa. Viele dieser Fahrräder werden im Auftrag ausländischer Unternehmen oder von deren chinesischen Tochterfirmen produziert. Allein taiwanesische Firmen lassen in Festlandchina mehr als 20 Millionen Fahrräder pro Jahr zusammenschrauben. Weitere wichtige Fahrradhersteller sind Indien (12 Millionen pro Jahr), Taiwan (6 Millionen) und die EU (über 10 Millionen).

Das Fahrradproduktionszentrum

Die chinesische Fahrradproduktion konzentriert sich auf den Raum Tientsin (Tjanjin), wo über 40 Millionen Fahrräder pro Jahr zusammengeschraubt werden, mehr als in der gesamten nicht-chinesischen Welt. Tientsin galt zudem lange als die chinesische Stadt mit dem höchsten Radverkehrsanteil. Noch Anfang der 90er wurden über 60% aller Fahrten in Tientsin mit dem Rad zurückgelegt.

Der weltgrößte Fahrradhersteller

Obwohl die Volksrepublik zwei Drittel aller Fahrräder der Welt produziert, sitzt der größte Fahrradhersteller nicht in diesem Land. Nach Umsatz gilt die 1972 gegründete taiwanesische Firma *Giant*, die 5 Millionen Fahrräder pro Jahr produziert, als größter Hersteller. Nach der Zahl der Fahrräder sah sich lange die indische Firma Hero als der weltweit größte Produzent. Zeitweise von Giant überholt, hat Hero mit 7 Millionen Fahrräder pro Jahr heute diese Position wieder inne.

Fahrradproduktion in der EU

Während durch die billigen chinesischen Importe und Produktionsverlagerung in den letzten Jahrzehnten die US-Fahrradproduktion fast gänzlich verschwunden ist und auch Japan den größten Teil seiner Fahrradindustrie eingebüsst hat, hat sich der Fahrradsektor in Europa was die Stückzahlen betrifft (12.7 Millionen im Jahr 2016), relativ gut gehalten (außer in Großbritannien). Zum Teil importieren europäische Hersteller komplette Rahmen und Komponenten aus China und lassen hier nur noch montieren und lackieren. Auch wurde ein Teil der Produktion nach Osteuropa verlagert. Ein neuer EU-Produktionsstandort ist etwa das Billiglohnland Bulgarien.

2.2 Vom Fahrrad zum Auto

John Kemp Starley und das Safety Bicycle

Der englische Erfinder James Starley hat das erste Dreirad entwickelt und gilt als `Vater der Fahrradindustrie´. Sein Neffe John Kemp Starley war im Fahrradbereich ebenfalls erfolgreich. Nach der Hochradwelle mit seinen sturzanfälligen Vehikeln kreierte er das Niedrigrad *Rover Safety Bicycle*. Dieses setzte sich aufgrund des Komforts und der Sicherheitsvorteile schnell durch und wurde zum Prototypen des modernen Fahrrads. Es wurde auch ein Exporterfolg, auch in Osteuropa und Fahrräder in Polen, Weißrussland und der Ukraine heißen heute noch *Rover* bzw. *Rower*. Nach dem überraschenden Tod John Kemp Starleys im Jahr 1901 stieg die Firma 1902 in den Bau von Motorrädern ein, ab 1904 baute sie unter dem Markennamen Rover Autos. Der Autohersteller Rover sollte später in die Krise geraten und erst von BMW, dann von einer chinesischen Firma aufgekauft werden.

Adam Opel und die Fahrradfabrik

Adam Opel (1837-1895) gründete zunächst eine Nähmaschinenfabrik. Ab 1886 begann er in Rüsselsheim mit der Produktion von Fahrrädern und die Firma war bald der größte Fahrradhersteller Deutschlands. Auch Opel selbst war ein begeisterter Radfahrer. Von ihm stammt das Zitat: *„Bei keiner anderen Erfindung ist das Nützliche mit dem Angenehmen so innig verbunden, wie beim Fahrrad."* Opel hatte gar nicht die Absicht, Autos zu bauen. Auch saß er nie hinter einem Steuerrad. Erst drei Jahre nach seinem Tod begann die Familie mit der Automobilproduktion. Trotzdem wurde die Adam Opel AG später nach ihm benannt. 1929, als in der Wirtschaftskrise deutsche Firmen billig zu haben waren, wurde die Firma vom US-Konzern General Motors gekauft.

Škoda

Ende des 19. Jahrhunderts kaufte der tschechische Buchhändler Vaclav Klement (1868-1938) ein Fahrrad deutscher Produktion. Als dieses repariert werden musste, schrieb er auf Tschechisch einen Brief an die Aussiger (Usti nad Labem) Filiale des Dresdner Herstellers Seidel&Naumann. Die Firma schrieb ihm zurück: „Wenn Sie von uns eine Antwort haben wollen, dann verlangen wir Ihre Mitteilung in einer für uns verständlichen Sprache." Klement ärgerte sich so darüber, dass er beschloss, es den Dresdnern zu zeigen und mit dem Schlosser Vaclav Laurin (1865-1930), der ihm schließlich sein Fahrrad reparierte, selbst eine Fahrradproduktion aufziehen. 1895 gründeten die beiden in ihrem Wohnort Mlada Boleslav eine Fahrradfabrik namens LK (Laurin&Klement) und die Zweiräder verkauften sich auf Anhieb gut. Ab 1899 stellte man dann Motorräder und ab 1905 Autos her. 1925 fusionierte das Unternehmen mit dem Maschinenbaukonzern Škoda (nach Emil Škoda benannt) und die Fahrzeugmarke Laurin & Klement erlosch ebenfalls zugunsten der Marke Škoda. Škoda heißt auf Deutsch wiederum `der Schaden´ und ein Schaden stand ja auch am Anfang der Firma Laurin&Klement.

Peugeots Pfeffermühle

Peugeot ist die älteste noch bestehende Automarke, aber die Firma war einst auch für viele andere Produkte bekannt. So entwickelte Peugeot im 19. Jahrhundert unter anderem patentierte Pfefferstreuer, die noch heute in unveränderter Bauweise als die besten ihrer Art gelten, sowie Korsettstangen und Rasierklingen. 1881 stieg man in die Fahrradproduktion ein, nachdem Armand Peugeot nach einem Studium in England die Bedeutung dieses Verkehrsmittels erkannt hatte. 1891 produzierte Peugeot schon 19 000 Fahrräder und war damit einer der größten Hersteller in Europa geworden. Zum Produktspektrum gehörte um die Jahrhundertwende ein Klapprad, das sogar, angesichts der damals noch vielen Pferde auf den Straßen keine abwegige Idee, über einen Hufnagelauszieher verfügte. 1889 baute Peugeot das erste Auto, freilich noch Dampf getrieben, eine Technik, die sich nicht durchsetzen sollte. 1903 stieg man in die Motorradproduktion ein und war 1913 der größte Hersteller Frankreichs.

Puchs Fahrrad

Die steirische Hauptstadt Graz, ist heute ein wichtiger Automobilindustriecluster. Vor hundert Jahren war Graz jedoch auch eine Stadt mit bedeutender Fahrradproduktion. Der Grazer Ignaz Trexler soll bereits 1784 eine frühe Fahrmaschine konstruiert haben, was historisch jedoch nicht abgesichert ist. Bereits Erzherzog Johann (1782-1859) besaß eine Laufmaschine von Drais. 1884 wurde von Matthias Almer in Graz die erste Fahrradproduktionsstätte eingerichtet. Der Nähmaschinenhersteller Benedikt Weibel zog dann ab 1888 eine Produktion in größerem Stil auf. Doch am bekanntesten sollten die Styria-Fahrräder des Schlossers Johann Puch werden, der als Janez Puh aus Slowenien eingewandert war. Der Almhirte Rupert Graimer (auch als Peter Kraimer überliefert) war dabei vom Fahrrad so fasziniert, dass er eines aus Holz baute (noch heute im Grazer Volkskundemuseum zu sehen) und damit 1898 200 Kilometer bis Graz radelte, um es gegen ein Styria-Rad einzutauschen. Puch selbst stellte bald Motorräder und später Autos her. Er war im 1. Weltkrieg Lieferant des k.u.k.-Heeres, doch nach dem Krieg ging es bergab und die Firma verlor ihre

Selbstständigkeit. 1987 wurde die Fahrrad- und Motorradproduktion an die italienische Firma Piaggio verkauft.

Adolph Schoeninger - der Henry Ford des Fahrrads

Auch der Automobilbau hat von der vorherigen Entwicklung der Fahrradindustrie erheblich profitiert. Er deutsche Einwanderer Adolph Schoeninger hatte in seinem Fahrradwerk Western Wheel Works in Chicago bereits 10 Jahre vor Ford eine Art Fließbandproduktion eingeführt. Er wird deshalb auch `Ford of the Bicycle´ genannt. Aber erst Henry Ford wurde durch die Fließbandproduktion berühmt, in der Soziologie ist Fordismus noch heute eine Bezeichnung für eine Gesellschaft und Wirtschaft, die auf der Arbeitsteilung und der mechanischen Fließbandproduktion basiert.

☞ Auch die Erfindung des Flugzeugs ist durch das Fahrrad gefördert worden. Die amerikanischen Flugzeugerfinder Orville (1871-1948) und Wilbur Wright (1867-1912) hatten nämlich eine Fahrradwerkstatt. Ihre Auseinandersetzung mit Fahrrädern bestärkte sie im Glauben, dass ein unstabiles Fahrzeug, und damit auch ein Fluggerät, mit wachsender Fahrpraxis kontrolliert und gesteuert werden konnte.

Robert Bosch

Robert Bosch (1861-1942), der Erfinder der Zündkerze, galt als sehr sparsam. Als junger Unternehmer fuhr er oft mit dem Fahrrad zu seinen Auftraggebern und er brachte das Radfahren seinem Lehrling höchstpersönlich bei. Auf Rundgängen durch seine Firma achtete er darauf, dass nicht unnötig Licht brannte. Bosch war aber auch bescheiden. In einem Hotel trug er bei der Frage nach dem Beruf `Mensch´ ein.

2.3 Wichtige Unternehmen

Frank Bowden und die Krankheit

Der britische Geschäftsmann Frank Bowden (1848-1921) war 1872 nach einer längeren Reise krank aus Hongkong zurückgekommen. Sein Arzt teilte ihm mit, er hätte nur noch 6 Monate zu leben und empfahl ihm aus Gesundheitsgründen das Radfahren. Doch Bowden erholte sich und kaufte schließlich aus Dankbarkeit und Liebe zum Fahrrad die Firma Raleigh auf, die sein Rad produziert hatte. Bowden wurde 1915 in den Adelsstand erhoben, als Baronet von Nottingham, und die Firma Raleigh zum zeitweise größten Fahrradhersteller der Welt (1951 wurden im Nottinghamer Werk von 8000 Arbeitern 2 Millionen Fahrräder produziert). Im November 2002 wurde in Nottingham schließlich das letzte Raleigh-Fahrrad hergestellt, denn die Firma verlagerte ihre Produktion nach Asien. Der Markenname Raleigh wird jedoch weiter bestehen. Auch Bowdens Name lebt in der Fahrradwelt weiter - im von ihm erfundenen, bei Bremsen und Gangschaltungen genutzten *Bowden-Zug*.

Die Schwinn - Fahrräder

Die Badener rühmen sich, sowohl das Fahrrad (Drais) als auch das Auto erfunden zu haben (Benz). Beide Techniken wurden zudem in Mannheim entwickelt, wie die Stadt stolz feststellt. Wenige wissen jedoch, dass es ebenfalls ein Badener war, der die lange Zeit führende amerikanische Fahrradfirma Schwinn gründete. Ignaz Schwinn wurde 1860 in Hardheim geboren und wanderte 1891 in die USA aus, wo er in Chicago eine Fahrradfirma gründete. Ein wichtiger Beitrag Schwinns zur Entwicklung der Fahrradtechnologie war die Einführung des Schutzbleches. Dieses wurde allerdings beim Mountainbike wieder abgeschafft, obwohl sich das erste Mountainbike aus einem alten Schwinn-Fahrrad ableitete.

Japans erste Fahrradhersteller

Zu den ältesten heute noch produzierenden Fahrradherstellern gehören zwei japanische Firmen. Fuji Bike stellte bereits 1899 die ersten Fahrräder her. In den letzten Jahren ist die Fahrradproduktion in Japan jedoch stark gesunken und heute ist die Firma in taiwanesischen Händen. Noch älter ist die Fahrradproduktion von *Miyata Industry*, die bereits 1890 begann. Damals wurden die Fahrräder in Japan noch in geringer Stückzahl und in Handarbeit gefertigt und nur sehr wohlhabende Familien konnten sich eines leisten. Fließbandmassenproduktion von Rädern gab es in Japan erst nach dem 1. Weltkrieg.

Chinas Flying Pigeon

1936 eröffnete ein Japaner in Tianjin (Tientsin) Chinas erste Fahrradfabrik. 1949 wurde daraus der erste Fahrradhersteller im kommunistischen China. Als Firmensymbol wählte man wegen des Korea-Krieges eine (Friedens-) Taube, die Fahrräder sollten von nun an *Flying Pigeon* heißen. Die Produktion stieg von 14 000 Fahrrädern 1949 auf 800 000 1957 und schließlich 3 Millionen pro Jahr in den 1980ern. Für das Fahrrad gab es trotzdem lange Wartezeiten. Es wurde nur in der Farbe schwarz und mit einem einzigen Gang geliefert. 1979 lancierte Deng Xiaoping wirtschaftliche Reformen und mit der Öffnung der Märkte ging der Absatz der vorher konkurrenzlosen *Fliegenden Taube* zurück, obwohl Deng die Parole ‚*Ein Flying Pigeon für jeden Haushalt*' ausgab. Heute verkauft die Firma nur 1.5 Millionen pro Jahr, denn mittlerweile gibt es 300 Fahrradhersteller in China. Mit bisher 100 Millionen verkaufter Fahrräder ist das *Flying Pigeon* dennoch das bisher meistverkaufte Fahrrad der Welt.

Trek und die Scheune

Trek, heute der größte US-Fahrradhersteller, wurde 1976 von Richard Burke mit 5 Mitarbeitern in einer Scheune in Waterloo im Bundesstaat Wisconsin gegründet. Trek war früh genug auf den Mountainbike-Zug aufgesprungen und kaufte später sogar die Firma des Mountainbike-Pioniers Gary Fisher. 2003 übernahm Trek die Schweizer Traditionsfirma Villinger und verlegte die Produktion nach Chemnitz, dem Sitz des ältesten deutschen Fahrradherstellers Diamant (1885 gegründet), den man ebenfalls übernommen hatte. Die meisten Trek-Fahrräder werden heute allerdings in der Volksrepublik China und in Taiwan produziert. Top-End-Modelle werden von Trek weiterhin in den USA hergestellt. Auf einem Trek-Rad gewann Lance Armstrong siebenmal die Tour de France.

Deutschlands einstmals größter Hersteller

Lange Zeit war die im niedersächsischen Quakenbrück beheimatete Firma Kynast der größte deutsche Fahrradhersteller. Der Gründer der Firma Otto Kynast hatte im Jahr 1950 die Rahmenluftpumpe erfunden und so einen Einstieg in die Fahrradproduktion gefunden. Bald produzierte seine Firma 50 000 Fahrräder pro Jahr. In den 70er Jahren wurde Kynast mit 1 Million Rädern pro Jahr Deutschlands größter Fahrradproduzent. Da er mit den Preisen asiatischer Firmen nicht mehr konkurrieren konnte, wurde 1998 die Fahrradrahmenproduktion eingestellt und bald musste die Firma Insolvenz anmelden. Schließlich gab sie die Fahrradproduktion auf und konzentrierte sich auf die Herstellung von Stahlrohren. 2005 erwarb Michael Sönchen die Markenrechte und versuchte sich auf Billigräder zu spezialisieren. Doch zwei Jahre später musste auch die als Kynast Bike GmbH firmierende Neugründung Insolvenz anmelden.

Das Strike-Bike

Biria, ein vom Exil-Iraner Mehdi Biria gegründeter anderer großer Fahrradhersteller in Sachsen-Anhalt musste ebenfalls in den letzten Jahren aufgeben. Die Vermögenswerte der Biria AG wurden im November 2005 vom texanischen Hedgefonds LoneStar gekauft. Dieser machte sogleich die Fahrradfabrik in Neukirch dicht. Als auch das Werk in Nordhausen geschlossen werden sollte, besetzten es Mitarbeiter spontan. Diese produzierten ab September 2007 auf eigene Faust so genannte *strike bikes*. 1800 Fahrräder waren das Ziel, damit sollte die Initialzündung für eine neue Fahrradproduktion gegeben werden. Trotzdem kam es zur Insolvenz und Abwicklung. Im Mai 2008 nahmen jedoch 21 ehemalige Mitarbeiter der neu gegründeten *Strike Bike GmbH* in Selbstverwaltung die Produktion wieder auf.

Die neue Nummer 1

Als größter Fahrradhersteller Deutschlands galten lange die in Sangerhausen (Sachsen-Anhalt) sitzenden Mitteldeutschen Fahrradwerke AG MIFA. Vorgängergesellschaften wurden bereits 1907 an diesem Standort gegründet. Im Jahr 2004 produzierte MIFA über 700 000 Fahrräder, im Jahr 2006 war jedes vierte der 2.45 Millionen in Deutschland hergestellten Zweiräder Made by MIFA. MIFA produziert relativ preisgünstige Fahrräder, die über Bau- und Discountmärkte vertrieben werden und zahlt relativ niedrige, untertarifliche Löhne. Trotzdem konnte die Firma nur dadurch bestehen, dass die Fahrräder in Taiwan und der Volksrepublik China vorgefertigt wurden. Nur die Lackierung und Endmontage fand in Deutschland statt. Nach einer Insolvenz im Jahre 2017 wurde MIFA verkauft und die Produktion firmiert nun unter *Sachsenring Bike Manufaktur*.

2.4 Fahrradkomponenten

Die Gummiknappheit

Im ersten Weltkrieg war das Fahrradland Holland neutral. Doch weil kein Kautschuk aus Südostasien importiert werden konnte, wurde der Gummi für die Fahrradreifen knapp und teuer. Eine niederländische Fahrradfirma war deshalb in der Werbung gezwungen, darauf hinzuweisen, dass der Preis des Fahrrades die Reifen nicht einschloss. Als die Knappheit nach dem Krieg verschwand, wies der Fahrradhersteller darauf hin „Preis schließt Reifen ein".

Die Katzenaugen

1925 wurden Katzenaugen in Deutschland als Rückstrahler an Fahrrädern gesetzlich vorgeschrieben. Der erst 16jährige Kaufmann Willy Müller erkannte die Chance und gründete mit dem Werkzeugmachermeister August Busch in Meinerzhagen im Sauerland im selben Jahr die Busch&Müller OHG, um solche Katzenaugen herzustellen. Zur selben Zeit begannen Fahrraddynamos (die ersten wurden 1904 von der Berliner Firma Berko hergestellt), die damals bei Fahrrädern üblichen Karbidlampen (die Acetylengas verbrennen und aus dem Bergbau kamen) zu verdrängen. Busch&Müller erweiterte die Produktpalette schließlich um Dynamos, Fahrradscheinwerfer und Rückspiegel. Im Jahre 1930 hatte man bereits 8 Mitarbeiter und mit einer Jahresnetzkarte der Reichsbahn fuhren Vertreter der Firma durch Deutschland, um Kunden zu gewinnen. Nach dem Krieg produzierte man sogar Rückspiegel für Opel-PKW. Heute hat Busch & Müller (www.bumm.de) etwa 125 Mitarbeiter, ist immer noch im Familienbesitz und gilt als einer der führenden Fahrradlampenhersteller Europas. Im Sauerland hat sich ein Lichttechnik-Cluster gebildet, das benachbarte Lüdenscheid nennt sich auch *Lichtstadt*.

Shimanos kranker Vater

Yoshizo Shimano, der 1957 sein Ökonomiestudium an der Keiko Universität abgeschlossen hatte und in den Dienst der Firma Nissan getreten war, erfuhr Ende der 1950er Jahre von seinem Vater, dass dieser an Lungenkrebs erkrankt war. Der Vater stellte ihn vor die Wahl, weiter für Nissan zu arbeiten oder ihn in seiner kleinen Fahrradkomponentenbetrieb in Sendai zu unterstützen. Shimano überlegte lange und beschloss schließlich, in seinen Heimatort zurückzukehren. Mit seinen zwei Brüdern übernahm er den Betrieb. Als er in den sechziger Jahren durch Nordamerika reiste, um für Shimano-Produkte zu werben, musste er noch mühsame Überzeugungsarbeit leisten, denn japanische Produkte galten damals als billig und schlecht. Doch mit der Firma ging es bergauf und 1970 wurde von Shimano in Japan die größte Fahrradkomponentenfabrik der Welt eröffnet. Heute gehört Shimano mit einem Umsatz von über einer Milliarde Dollar pro Jahr zu den wichtigsten Fahrradschaltungsherstellern weltweit. Und Yoshizo Shimano ist noch immer Präsident der Firma.

Rohloffs Rabe

Die 1986 von Bernd und Barbara Rohloff gegründete nordhessische Firma Rohloff AG (www.rohloff.de), die Antriebskomponenten für Fahrräder produziert, zeigte sich auch als Wortschöpfer. Anfangs produzierte man auf einer von der Firma konstruierten Montagemaschine, die betriebsintern `grünes Monster´ genannt wurde, Fahrradschaltungsketten. 1994 wurde dafür ein eigener Kettenschmierstoff entwickelt und als `Oil of Rohloff´ vermarktet. Die Rohloff-Nabe selbst hat bei Radfahrern auch den Spitznamen Coladose. 1995 wurde übrigens eine aus dem Nest gefallene Rabenkrähe von der Firma aufgezogen, da ein fliegender Rabe auf gelbem Grund Firmenlogo ist.

Sigma und der Fahrradcomputer

Zu den eher stillen Stars gehört die im pfälzischen Neustadt an der Weinstraße beheimatete Firma *Sigma Sport*. Die Firma entwickelte 1981 den ersten elektronischen Fahrradtachometer - *Fahrradcomputer* genannt. Noch heute ist die Firma weltweit Marktführer bei der Herstellung von Fahrradcomputern (www.sigmasport.com).

Bohle und das Recycling

1911 gründete Ernst-Wilhelm Bohle, der um die Jahrhundertwende in England Erfahrungen mit der Fahrradindustrie gemacht hatte, mit einem Geschäftspartner den Fahrradhersteller Philips. 1922 schuf er schließlich ein Unternehmen zum Export deutscher Fahrradteile in alle Welt. 50 Jahre später hatte sich die Situation umgekehrt: nach einem Nachfragerückgang durch die Motorisierung und steigenden Löhnen im Inland setzte man nun statt auf Export deutscher Komponenten auf den Import aus Asien für deutsche Fahrradhersteller. Nachdem es zuerst Qualitätsprobleme gab, fand man schließlich in Südkorea einen geeigneten Hersteller, *Swallow,* und vermarktete dessen Fahrradreifen unter dem Namen *Schwalbe* vom Firmensitz in Reichshof im Bergischen Land aus in Deutschland. Mit dem Langlaufreifen *Marathon* hatte man in den 80er Jahren schließlich Erfolg, heute ist es der meistverkaufte Touring- und Trekkingreifen der Welt und Schwalbe eine führende Fahrradreifenmarke in Europa.

☞ 1993 startete die Firma schließlich eine Recyclinginitiative. Dabei werden Altreifen auf mechanischen Weg in die Sekundärrohstoffe Gummi und Metall zerlegt. Angesichts jährlich 10 Millionen alter Fahrradreifen und Millionen kaputter Fahrradschläuche allein in Deutschland eine sinnvolle Initiative (www.schwalbe.com).

❖ Frank Patitz

Der Leipziger Frank Patitz erkannte früh einen Markt für schicke Retro-Fahrräder. So entstand seine Marke Retro-Velo im Vintage-Nostalgielook, mit dicken Ballonreifen ('Fat Frank') und breiten Lenkern. Bilder davon verbreiteten sich in Lifestyle-Magazinen, getragen von der um 2007 aufkommenden cycle chic Welle, und mittlerweile verkauft er die Hälfte der Produktion (von etwa 300 Fahrrädern pro Jahr) im Ausland. Der Bastler und Selbstentwickler hat mittlerweile auch ein Elektrofahrrad im Angebot.

❖ Möves Cyfly

Im Jahr 2017 meldeten verschiedene Medien eine Innovation im Bereich des Tretkurbelantriebs. Entwickelt wurde die neue Technik durch die Firma Möve, die zeitweise von Mifa geschluckt war, aber seit 2011 wieder eine selbständige Firma war. Vorgeführt wurde die neue Technik im Jahr 2017 im nordhessischen Korbach auf dem Ederseebahnradweg. Denn der Vater von Geschäftsführer Tobias Spröte wohnte in Korbach.

Cyfly ist eine patentierte Mehrgelenkdrehkurbel, die bis zu 30% mehr Hebelkraft entwickelt als eine herkömmliche Fahrradkurbel. Dadurch wird auch ohne E-Antrieb das Radfahren kraftsparender.

3. Worte und Sprüche

Vom Velociped zum Fahrrad

Bocholt im Niederrheinischen gilt als Fahrradstadt und obwohl das Zweirad dort *Fietse* genannt wird, war es auch ein Bocholter, Otto Sarrazin, der das Wort Fahrrad kreierte. Im 19. Jahrhundert sagte man nämlich noch Velociped. Doch das klang dem im Zuge eines wachsenden Nationalbewusstseins 1885 gegründeten *Allgemeinen Deutschen Sprachverein*, dem Sarrazin angehörte, zu französisch und deshalb wurde um 1890 das *Verdeutschungswörterbuch* herausgegeben und das Wort Fahrrad geschaffen. Französisch war lange eine Bildungssprache und andere vermeintlich französische Worte wie Perron (ein Wort, das in Frankreich so gar nicht verwendet wird) und Passagier wurden ebenfalls zu Bahnsteig und Fahrgast eingedeutscht. Eine Anekdote hierbei ist, dass Sarrazins Vorfahren im 17. Jahrhundert aus Genf kamen und somit französischsprachig waren.

Fahrradnamen

In der Fahrradstadt Münster gibt es ein spezielles Wort für das Fahrrad: **Leeze**. Dies kommt aus der Masematte-Sprache, einem Rotwelsch, welches nur in Münster, und dort früher vor allem von der Unterschicht im Bahnhofsviertel gesprochen wurde. In der Mundart von Halle (Saale) heißt das Fahrrad übrigens **Flitzebeh.**
Originelle Fahrradbezeichnungen in anderen Sprachen sind **magrela** (die Magere) im Portugiesischen Brasiliens, **Boneshaker** im Englischen, **le clou** (der Nagel) im Französischen und **Rover** (nach der späteren Autofirma) und **Dawcy** (**Organspender**) im Polnischen. **Organspender** ist auch der Beiname eines Mountainbike Weges in den Bergen von New Mexico/USA.

Das Radler-Bier

Franz Xaver Kugler gilt als Erfinder des Radler-Bieres, einer Mischung aus Bier und Limonade. Kugler war ursprünglich Gleisbauarbeiter an der Strecke München-Holzkirchen, welche gegen Ende des 19. Jahrhunderts zweigleisig ausgebaut wurde. Da die Arbeit hart und die nächste Wirtschaft weit war, übernahm Kugler die Versorgung seiner Kollegen mit Bier. Das Bier holte er aus der Deisenhofener Bahnhofswirtschaft und fuhr es mit Pferd und Wagen zur Baustelle. Das war aber auf Dauer zu umständlich. Deshalb richtete Kugler an der Baustelle eine Bude ein, die unter dem Namen `Kantine der Königlich-Bayerischen Eisenbahn zu Deisenhofen´ die Versorgung der Bauarbeiter übernahm. Nach der Fertigstellung der Schienenstrecke wurde daraus 1897 das *Waldrestaurant* und später, mittlerweile eine stattliche Gastwirtschaft, die *Kugler-Alm*, welche sich zu einem beliebten Ausflugslokal entwickelte. Als in den 1920er Jahren das Fahrrad immer populärer wurde, ließ Kugler quer durch den Wald einen Radweg anlegen. Diese bis heute beliebte Ausflugsstrecke wurde damals von den Münchnern begeistert aufgenommen. An einem schönen Samstag im Sommer 1922 sollen 13 000 Radler die Kugler Alm gestürmt haben. Doch diesem Durst hielten die Biervorräte nicht lange stand. Kugler fand jedoch einen Ausweg: Er mischte das zur Neige gehende Bier je zur Hälfte mit noch reichlich vorhandener Zitronenlimonade und servierte dies den Gästen als Radler-Maß, mit dem Hinweis, dieses Getränk eigens für die Radfahrer erfunden zu haben, damit sie nicht schwankend mit dem Rad nach Hause fahren müssen.

Das Radler-Maß verbreitete sich auch nach Norddeutschland, dort hieß es erst Radler-Liter, später, nach seiner Farbe, Alsterwasser.

Siehe hierzu auch www.bierundwir.de

Kurt Tucholsky und die Radfahrer

Als *Radfahrer* gilt im übertragenen Sinne eine Person, die im Berufsleben nach oben buckelt und nach unten tritt (neuerdings ergänzt durch „*und nach vorne klingelt*"). Der Journalist und Schriftsteller Kurt Tucholsky (1890-1935) scheint den Begriff in dieser Bedeutung zuerst verwendet zu haben. In seiner Rezension von Heinrich Manns „Der Untertan" schreibt er 1919 „der untertänig und respektvoll nach oben himmelt und niederträchtig und geschwollen nach unten tritt, der Radfahrer des lieben Gottes." In `*Deutschland, Deutschland über alles*´ schreibt Tucholsky zudem „*Der Deutsche fährt nicht wie andere Menschen. Er fährt, um Recht zu haben.*"

Die Ketten

Ein Fahrrad besteht aus ungefähr 1000 Teilen. Allein auf die Kette entfällt die Hälfte aller Teile. Ketten waren lange ein sensibler und nicht immer optimal funktionierender Teil der Fahrradtechnik. Deshalb wurde, in Anlehnung an Marx´ Parole, der Spruch `*Radfahrer, ihr habt nichts zu verlieren als eure Ketten*´ geprägt.

Ein Fisch ohne Fahrrad

Im Jahre 1970 kritzelte eine australische Studentin den Spruch „*A woman needs a man like a fish needs a bicycle*" an eine Toilettentür der Universität von Sydney. Inspiriert war sie vom Spruch „Man needs religion like a fish needs a bicycle" der auch *Vique's law* genannt wird. Da die Frauenbewegung im Jahr 2 nach der 1968er Revolution erstarkt war, verbreitete sich der Spruch schließlich auch in anderen Sprachen um die Welt. Heute bereut Irina Dunn, die als Journalistin, Politikerin, Lehrerin und Filmemacherin tätig war, dass sie den Spruch damals nicht mit einem Copyright versehen hat.

Ivan Illich

Mit seinem 1974 in New York geschriebenen Buch *Energy and Equity* hat der österreichisch-kroatische Philosph Ivan Illich (1926-2002) einen der ersten und besten Aufsätze zur Umweltverträglichkeit des Fahrrades geschrieben. Am Ende des Kapitels schreibt Illich:
Participatory democracy demands low-energy technology, and free people must travel the road to productive social relations at the speed of the bicycle, was manchmal zitiert wird als: *„Democracy is only possible when no one travels faster than the speed of a bicycle."*

Die Fahrradspeichenfabrik

1985 sollte im oberpfälzischen Wackersdorf der Bau einer Wiederaufbereitungsanlage (WAA) für atomare Abfälle beginnen. Die Region wehrte sich erfolgreich und nach über drei Jahren Kampf wurde 1989 auf den Bau verzichtet. Dabei hatte der bayerische Ministerpräsident Franz Josef Strauß der Regionsbevölkerung das Projekt noch mit dem Hinweis schmackhaft gemacht, die Anlage wäre so harmlos, wie eine Fahrradspeichenfabrik. Nachdem das WAA-Gelände zu einem Gewerbegebiet umgewidmet wurde, unkten manche, nun könne man ja tatsächlich eine Fahrradspeichenfabrik bauen.

Susanne Brüsch und das Pedelec

Susanne Brüsch studierte in den 1990er Jahren Übersetzen und Dolmetschen an der Universität Heidelberg. In ihrer 1999 vorgelegten Diplomarbeit zur Klassifikation von muskel-elektrischen Hybridrädern schlug sie den Begriff Pedelec (**Ped**al **Ele**ctric **C**ycle) für Fahrräder mit Trethilfe durch einen Elektro-Hilfsmotor ein. Dieser Begriff hat sich mittlerweile durchgesetzt und so hat die Übersetzerin selbst ein neues Wort geschaffen.

4. Radfahrer

4.1 Prominente Radfahrer

Mark Twain

Zu Mark Twains Zeiten waren Hochräder Mode. Diese waren jedoch nicht ungefährlich, da man aufgrund der fragilen Schwerpunktlage nach vorne stürzen konnte, was auch häufig vorkam. Twain war nach schmerzlichem Lernprozess begeisterter Hochradfahrer und hat einen Aufsatz mit dem Titel „Wie man das Hochrad zähmt" geschrieben. Der letzte Satz dieses Essays: „Nimm ein Hochrad, du wirst es nicht bereuen, falls du es überlebst".

Einmal kehrte er von einer Fahrt ziemlich mitgenommen zurück. Seiner Frau erzählte er, jetzt wisse er erst richtig, was Fluchen heißt. „Aber du hast mir doch versprochen, nicht mehr zu fluchen", warf ihm seine Frau vor. „Ich habe ja auch gar nicht geflucht", erwiderte Twain, „das taten die Leute, die ich über den Haufen gefahren habe".

Puyi - der letzte Kaiser

Der letzte Kaiser Chinas, Puyi (1906-1967) war gleichzeitig einer der ersten Radfahrer des Landes. Bereits 1908, im zarten Alter von 2 Jahren, wurde Puyi Kaiser, eine Funktion, die er bis 1924 ausübte (ab 1911 jedoch nicht mehr als regierender Kaiser). Puyi war also in seiner gesamten Amtszeit ein Kind und sein schottischer Lehrer schenkte ihm einmal ein Fahrrad. Puyi war davon so begeistert, dass er die Türschwellen der Tempel in seiner Residenz, der Verbotenen Stadt in Peking, absägen ließ (Feng-shui mäßig bedenklich), damit er überall herumfahren konnte. Mittlerweile ist das erste Fahrrad des letzten Kaisers ein Ausstellungsstück – es wurde übrigens in England hergestellt. Die englischen Kinder fahren heute dagegen meist mit chinesischen Fahrrädern herum. Puyi soll schließlich Markenfahrräder gesammelt haben, als Erwachsener wurde er allerdings zum Autofan. Puyi starb 1967 im kommunistischen China, im Jahr als die Kulturrevolution begann, 20 Jahre später wurde sein Leben von Bernardo Bertolucci verfilmt (`The Last Emperor´, 1987).

Karl Valentin

Von Karl Valentin (1882-1948) gibt es eine Szene, in welcher der Radfahrer Valentin bei der Kontrolle seines Fahrzeuges dem Schutzmann seinen Namen unaussprechlich als „Wrdlbrmpfd" angibt.
In einer zweiten Szene moniert ein Schutzmann eine Ladung Ziegelsteine auf dem Gepäckträger von Valentins Fahrrad. *"Damit ich bei Gegenwind leichter fahre. Gestern in der Früh zum Beispiel ist so ein starker Wind gegangen, da hab´ ich die Steine nicht dabeigehabt, ich wollt nach Sendling nauf fahren, daweil bin ich nach Schwabing runterkommen"*.
In der Szene `So ein Zufall´ trifft Karl Valentin einen Kapellmeister. Valentin berichtet diesem von einem Vorfall, der sich am Tag zuvor in der Kaufinger Straße Münchens ereignete. Dort machte Valentin mit einem Freund einen Spaziergang. Als sich beide über einen Radfahrer unterhielten, kam zufällig ein Radfahrer vorbei. Nun meint Karl Valentin, der Vorfall mit dem Radfahrer sei ein Beispiel für einen Zufall. Der Kapellmeister widerspricht heftig, denn man könne nicht von einem Zufall reden, da die Kaufinger Straße dafür bekannt sei, dass dort "*fast alle Meter wieder a anderer Radfahrer daherkommt*". Heute könnte sich die Szene so nicht mehr ereignen, denn die Kaufinger Straße ist seit 1972 eine Fußgängerzone.

H.G Wells und die Zeitmaschine

Der britische Autor Herbert George (H.G.) Wells (1866-1946), der vor allem durch die Science-Fiction Romane Krieg der Welten und Zeitmaschine berühmt wurde, war auch ein Freund des Radfahrens. Von ihm stammt das Zitat: *Every time I see an adult on a bicycle, I no longer despair for the future of the human race.*

So wundert es auch nicht, dass die Zeitmaschine im gleichnamigen Roman teilweise einem Fahrrad ähnelt.

Marie Curie und die Hochzeitsreise

Als Marie Slodokowska (1865 in Warschau geboren) 1895 Pierre Curie heiratete (Marie Curie war die erste Professorin, erste Nobelpreisträgerin und erste Person mit zwei Nobelpreisen) erwarb das Paar von dem Bargeld, welches es zur Hochzeit bekommen hatte, zwei Fahrräder, um damit in Frankreich eine Hochzeitsreise zu machen. Beide waren begeisterte Radfahrer und Marie Curie trug ihre Erlebnisse in einem Notizbuch ein. Dieses Notizbuch ist noch heute verstrahlt, denn Curie trug oft radioaktive Substanzen in ihrer Tasche mit sich, von deren Gefährlichkeit sie nichts wusste. 1934 starb Marie Curie an durch Strahlenbelastung verursachte Leukämie. Ihr Mann Pierre war bereits 1906 verstorben, nachdem er von einer Droschke überfahren worden war.

Sartre im Straßengraben

Der französische Philosoph Jean-Paul Sartre (1905-1980) liebte es, Radtouren zu unternehmen. Der Sprint bergauf machte ihm Spaß. Auf ebenen Strecken radelte er jedoch sorglos dahin, weshalb er ein paar Mal im Straßengraben landete. „Ich dachte an etwas anderes", sagte er dann, wie seine mitradelnde Lebensgefährtin Simone de Beauvoir später zu berichten wusste.

Pablo Picasso

Auch Picasso (1881-1973) radelte gelegentlich. Ob diese Tatsache oder der Materialmangel im Krieg ihn wohl auf die Idee einer Tierschädelskulptur brachte, die er 1943 aus einem Fahrradsattel und einem Fahrradlenker montierte? Eine Beziehung zum Fahrrad hatten auch die Maler Henri de Toulouse-Lautrec (Radsportplakate) und Georges Bracque (1882-1963), der als junger Mann von Le Havre nach Paris radelte und als reifer Künstler drei Bilder dem Sujet Fahrrad widmete.

Emil Cioran

Der rumänische Philosoph und Schriftsteller Emil Cioran (1911-1995), der ab 1937 in Paris lebte, litt unter Schlaflosigkeit. Diese bekämpfte er, in dem er abends bis zur Erschöpfung mit dem Fahrrad um den Park *Jardin du Luxembourg* radelte.

Elvis Presley

Als Junge wünschte sich Elvis Presley (1935-1977) einst zu Weihnachten ein Fahrrad. Doch das bescheidene Einkommen seiner Eltern reichte dafür nicht und so bekam er stattdessen eine 13 $ teure Guitarre. Der Rest ist Geschichte.

George Bush Senior und die Chinesen

Nach der Ölkrise 1973/74 gab es auch in den USA einen Bewusstseinswandel, der sich positiv auf den Fahrradverkehr auswirkte. George Bush Senior, der 1975 das US-Verbindungsbüro in Peking leitete, schrieb in dieser Zeit an John Dowlin, der das *Bicycle Network* in den USA etabliert hatte: „*... ich bin der Überzeugung, nachdem ich hier in China enorm viel Fahrrad gefahren bin, dass es*

eine vernünftige, wirtschaftliche und saubere Verkehrsform darstellt und eine Menge Sinn macht."
Kein Wunder, dass sein Sohn George W. Bush zum begeisterten Radfahrer wurde.

Freddie Mercury und die Radfahrer

Für das 1977 gedrehte Video `Bicycle Race´ der Popgruppe Queen engagierte der Fahrradfan und Sänger Freddy Mercury und seine Band 200 Frauen, die völlig nackt im Wembley-Stadion umher radeln sollten. Diese Idee kam jedoch nicht überall gut an. Zum einen bestand das Plattenlabel darauf, auf dem Album-Cover den Frauen einen Bikini aufzumalen. Zum anderen bestand die Firma, von der die Fahrräder geliehen wurden, darauf, diese mit neuen Sätteln auszustatten.

Der Rückwärtsradler

Der Dithmarscher Musiker und Geigenbauer Christian Adam (*1963) hält gleich zwei Fahrrad-Weltrekorde. Zum einen mit 113.3 km in 6 Stunden den Weltrekord im Fahrradrückwärtsfahren, zum anderen den Weltrekord im Fahrradrückwärtsfahren bei gleichzeitigem Geigen (60.5 km in 5 Stunden 9 Minuten). Der Schweizer Showmaster Kurt Felix bat Adam einmal für die Schweizer TV-Show *Supertreffer* Geige spielend mit dem Fahrrad rückwärts durch einen nicht genutzten Autobahntunnel zu fahren. Adam zeigte sich danach überrascht über die gute Akustik im Tunnel. Der Auftritt hat ihm auch zu einem Eintrag in der US-Anekdotenwebseite *anecdotage.com* verholfen. Allerdings haben die Amerikaner Name und Herkunftsregion des Schleswig-Holsteiners verwechselt und führen den Musiker in ihrer Anekdotensammlung als ‚Christian Dithmarschen'.

4.2 Sportliche Typen

Die ersten Weltumradler

Heute gibt es viele, die eine Weltumradlung versuchen, was zu zahlreichen Diavorträgen und Reisebüchern führt. Erstaunlich ist jedoch, dass bereits im Jahr 1893 eine Weltumradlung glückte. Die Amerikaner Thomas G. Allen und William Sachtleben waren in diesem Jahr nach einer dreijährigen Tour wieder zurück in St. Louis angelangt. Der Amerikaner Frank Lenz war 1893 in China sogar mit Selbstauslöser Marke Eigenbau unterwegs, um seine Bilder an die Zeitungen schicken zu können und damit seine Reise zu finanzieren. Lenz war einer der ersten, der ein Fahrrad nach China brachte. Doch von seiner Reise kam er nie zurück, in Armenien kam er wahrscheinlich bei einem Überfall ums Leben.

Henri Desgrange und die Tour de France

Henri Desgrange (1865-1940) war ein französischer Bahnradfahrer, der 1893 den Stundenweltrekord aufstellte. Er dachte jedoch nicht, dass Straßenradsport je erfolgreich sein würde. Später arbeitete Desgrange als Chefredakteur für die Radfahrerzeitschrift `L'Auto Vélo´, die gegründet wurde, weil eine Gruppe Industrieller mit der politischen Richtung der bestehenden Zeitschrift `Le Vélo´ nicht zufrieden waren. Da beide Titel ähnlich waren und Le Vélo eine Plagiatsklage anstellte, musste die Zeitschrift bald in `L'Auto´ umbenannt werden, was für heutige Ohren nicht gerade nach Radfahren klingt.
Um Leser zu gewinnen und sich gegen das Konkurrenzblatt behaupten zu können, verkündete L'Auto im Januar 1903 auf Initiative von Desgrange eine Sensation - ein Etappenrennen über einen ganzen Monat durch

Frankreich - die *Tour de France*, die im Laufe der Zeit zum größten Radrennen der Welt wurde.

Richard J. McCreadys Biycle Polo

Die Engländer rühmen sich, die meisten neuzeitlichen Sportarten erfunden zu haben. Doch auch die irischen Nachbarn haben zur Entstehung neuer Sportarten beigetragen. Nachdem er sich vom Radrennsport zurückgezogen hatte, erfand der irische Radprofi Richard J. MacCready 1891 im County Wicklow eine neue radbezogene Sportart, das Bicycle Polo (Fahrradpolo). 1908 war Fahrradpolo sogar olympische Disziplin. Heute wächst dessen Popularität in deutschen Großstädten wieder.

Didi Senft – der Fahrradteufel

Der Brandenburger Didi Senft (*1952) ist gelernter Schlosser, Erfinder und Fahrraddesigner. In Storkow in Ostbrandenburg betreibt er ein Museum für Fahrradkuriositäten. Darunter sind 17 von ihm gebaute Räder, mit denen er im Guinness Buch der Rekorde verzeichnet ist (zum Beispiel dem größten Fahrrad der Welt). Noch bekannter ist er für seine Auftritte bei Radrennen wie der Tour de France oder der Giro d´Italia, wo er mittlerweile zum festen Repertoire gehört. Dabei ist er meist in rot-schwarzem Kostüm als Teufel gekleidet, deshalb sein Spitzname *El Diablo*. Bei der Tour de France 2005 trat er allerdings in grünem Kostüm auf – um mit dem Slogan `Weg vom Öl´ für Bündnis 90/die Grünen zu werben.

Rudolf Scharping – der Pechvogel

Politiker stürzen nicht gerne. Der SPD-Politiker Rudolf Scharping (*1947) musste Mitte der neunziger Jahre jedoch gleich zwei Stürze hinnehmen. Nach der Wahlniederlage gegen Helmut Kohl im Jahr 1994, verlor er in einer Kampfabstimmung in Mannheim im November

1995 den Parteivorsitz an Oskar Lafontaine. Ein halbes Jahr später erlebte er seinen zweiten Fall - er stürzte bei einer Radtour vom Fahrrad und auf den Kopf, was zu einer Gehirnerschütterung führte und beinahe noch schlimmer hätte ausgehen können, da Scharping keinen Helm trug. 1999 geriet ein Ast zwischen die Fahrradspeichen und Scharping, diesmal behelmt, brach sich den Arm. Trotzdem wurde Scharping 2005 zum Präsidenten des Bundes Deutscher Radfahrer gewählt.

George W. Bush

George W. Bush, von 2000-2008 US-Präsident, galt als ungeschickt. Bei einer Fahrradfahrt während des G8-Gipfels in Schottland stieß er mit einem Polizisten zusammen und erlitt leichte Hautabschürfungen. Im Mai 2004 fiel er auf seiner Ranch von seinem Mountainbike und im Juni 2005 stürzte er unsanft, als er einen zweirädrigen Hi-Tech Roller von Segway ausprobierte.
☞ Als radelnder Präsident galt übrigens auch Dwight D. Eisenhower (1890-1969).

Tony Blair und der Gipfel von Amsterdam

Im Jahr 1997 fand der EU- Gipfel in Amsterdam statt. Zur Überraschung der Regierungschefs wurden den Teilnehmern am Schluss Fahrräder zur Nutzung überreicht. Politiker wie Kohl probierten es erst gar nicht, sich auf den Sattel zu schwingen, während andere, wie der belgische Premier Dehaene sich kaum auf dem Fahrrad halten konnten. Kein Problem hatte jedoch der damals noch recht junge britische Premierminister Tony Blair, der einfach allen davon radelte.
Manche dachten dabei wohl an die Worte des ehemaligen Präsidenten der EU-Kommission Jacques Delors, der einmal meinte, die Kommission wäre wie ein Fahrrad, wenn sie stehen bliebe, fiele sie um.

5. Fahrradverkehr weltweit

5.1 Wichtige Kennziffern des Fahrradverkehrs weltweit

Über 1.5 Milliarden Fahrräder

Es gibt wenig Daten zum Radverkehr weltweit, doch dürfte es global mindestens 1.5 Milliarden einsatzfähige Fahrräder geben. Allein in China gibt es 500 Millionen Fahrräder. China hat 1.4 Milliarden Einwohner, davon leben 800 Millionen (200 Millionen Haushalte) auf dem Land und 500 Millionen (160 Millionen Haushalte) in Städten. Im Durchschnitt verfügt ein chinesischer Haushalt über 1.4 Fahrräder, bei 360 Millionen Haushalten macht dies eine halbe Milliarde Fahrräder. Trotz des Wirtschaftsbooms stagniert der Fahrradbestand in China, da die Mittelschicht auf motorisierte Zweiräder oder das Auto umsteigt. Wurden noch um das Jahr 2000 40 Millionen Fahrräder pro Jahr abgesetzt, so sind es heute weniger als 30 Millionen pro Jahr, davon über 20 Millionen Elektrofahrräder, eine Zahl bei der der Gesamtbestand eher schrumpft als wächst. In den USA dürfte es 200 Millionen Fahrräder geben. Der Fahrradbestand in der EU beträgt schätzungsweise 250 Millionen, davon 75 Millionen in Deutschland, 25 Millionen in Großbritannien und 15 Millionen in den Niederlanden. In Japan gibt es über 70 Millionen Fahrräder. In den Industrieländern dürfte es also über 500 Millionen Fahrräder geben, so viele wie in China. In der übrigen Welt sind es schätzungsweise weitere 500 Millionen, davon etwa 50 Millionen in Indien. In Deutschland entspricht der Fahrradbestand dem Umsatz von Fahrrädern in den letzten 15 Jahren (5 Millionen pro Jahr). Da in den letzten 15 Jahren weltweit etwa 1500 Millionen Fahrräder produziert wurden, scheint ein Fahrradbestand von 1.5 Milliarden weltweit plausibel zu sein, diese Zahl dürfte aber eine Untergrenze darstellen.

Verkehrsanteil des Fahrrads: etwa 8% aller Fahrten

Was den Fahrradverkehrsanteil an allen Fahrten betrifft, liegen bei den Industrieländern die Niederlande an erster Stelle (Fahrradverkehrsanteil Anfang der neunziger Jahre bei 27%, leider stehen hier, wie auch für die anderen Beispiele, nur Zahlen aus dem Zeitraum 1990-95 zur Verfügung, allerdings dürften sich die Prozentwerte nur wenig verändert haben), gefolgt von Dänemark (18%) und Japan (14%). Belgien (10%), Deutschland (10%) und die Schweiz (9%) liegen im vorderen Mittelfeld, gefolgt von Finnland (7%), Irland (7%) und Österreich (5%). Italien (4%), Frankreich (3%) und Großbritannien (2%) vor allem aber Spanien, Griechenland und Portugal (jeweils um 1%) haben nur geringe Fahrradverkehrsanteile. Insgesamt liegt der Radverkehrsanteil in Europa bei knapp 5%. In Nordamerika (< 1%) und Australien (1%) liegt er deutlich darunter. In den USA betrug er im Berufsverkehr im Jahr 2001 nur 0.4%.

In vielen lateinamerikanischen Ländern wird nur wenig Rad gefahren. Doch da der Radverkehrsanteil in Brasilien, dem größten Land des Subkontinents, 7% beträgt und in Kuba sogar bei etwa 20% liegt (in Uruguay liegt er bei 5%), dürfte er in ganz Lateinamerika die europäische Marke von 5 % erreichen. Mindestens diesen Wert dürfte der Radverkehrsanteil auch in Afrika erreichen. In Asien wird prozentual am meisten Rad gefahren, denn hier gibt es mit China, Indien, Japan und Vietnam gleich vier große Fahrradländer. Schätzungsweise beträgt der Radverkehrsanteil in Asien heute 12% aller Fahrten. Doch Anfang der 90er Jahre lag er noch bei 17%. Vor allem in China und Vietnam gibt es eine Verlagerung zum motorisierten Zweiradverkehr und zum Autoverkehr. In China nehmen zudem die Elektroräder stark zu. Weltweit dürfte der Radverkehrsanteil bei etwa 8% liegen, eine ähnliche Größenordnung wie in Deutschland.

5.2 Deutschsprachige Länder

Mit einem Radverkehrsanteil von 10% liegt Deutschland an der Spitze der großen Länder Europas. In Österreich ist der Anteil mit 5 % etwa halb so hoch, während die Schweiz trotz ihrer Topografie fast den deutschen Anteil erreicht. Trotz weiter steigender Motorisierung hat die Fahrradmobilität in Deutschland seit 2002 um etwa ein Zehntel zugenommen. Dazu tragen die hohen Benzinpreise bei. In manchen Städten ist der Radverkehrsanteil im letzten Jahrzehnt sogar noch gestiegen. Als ausgesprochene Fahrradstädte gelten in Deutschland Münster und Erlangen. Aber auch viele andere Städte, vor allem nördlich der Mittelgebirgsschwelle, weisen hohe Radverkehrsanteile auf. In Österreich gelten unter den größeren Städten vor allem Salzburg (19%) und Graz (13%) als Fahrradstädte. Den höchsten Radverkehrsanteil weist jedoch Vorarlberg auf. Bregenz erreicht 21% und in kleineren Gemeinden wie Lustenau oder Höchst werden sogar über 30% der Wege mit dem Fahrrad zurückgelegt. In der Schweiz gilt Winterthur als führende Velostadt, gefolgt von Basel.

Münster - die deutsche Fahrradhauptstadt

Als deutsche Fahrradhauptstadt gilt das westfälische Münster. Sie bietet auch beste Voraussetzungen dafür: flache Topografie, viele Studenten, richtige Größe (zu klein für einen städtischen Schienenverkehr, zu groß, problemlos Parkplätze finden zu können). Hier werden 35% aller Fahrten mit dem Fahrrad zurückgelegt. Münster hat die größte Fahrradstation außerhalb Hollands und mit der Promenade um die Altstadt die einzige `Fahrradautobahn´ Deutschlands. In Münster gibt es sogar Park-and-bike-Plätze, wo man das Auto abstellen kann, um mit dem Fahrrad weiter in die Innenstadt zu fahren.

Bocholt

Als weitere westfälische Fahrradstadt kann Bocholt gelten. Hier ist der Fahrradversand *Rose* zuhause mit seinem Fachgeschäft *Biketown*. Bocholt war auch die erste deutsche Stadt, die eine Radstation an einem Busbahnhof gebaut hat. Es gibt den Spruch, dass die Kinder hier schon mit dem Fahrrad zur Welt kommen. Sogar das Wort Fahrrad wurde von einem Bocholter kreiert. In Bocholt sagt man allerdings nicht Fahrrad, sondern *Fietse*.

Erlangen

Einst rivalisierte das fränkische Erlangen mit Münster um den Titel der deutschen Fahrradhauptstadt. Und im Jahr 1988 wählte die Zeitschrift *Radfahren* Erlangen tatsächlich zur fahrradfreundlichsten Stadt Deutschlands. Seither musste Erlangen sich jedoch geschlagen geben. Zumindest als bayerische Fahrradhauptstadt kann Erlangen noch gelten. Das ist auch Verdienst von Dietmar Hahlweg, von 1972-1996 Oberbürgermeister der Stadt. Bereits in den 1970er Jahren betrieb er eine am Umweltgedanken orientierte Stadtplanung und ließ in Erlangen Radwege anlegen. Und an Wochenenden erforschte er seine Stadt mit dem Rad und machte Notizen. Nachfolger von Hahlweg wurde 1996 Siegfried Balleis. Dieser war 1984-1994 mit der späteren Fürther Landrätin Gabriele Pauli verheiratet. Während Pauli heute als Motorradfahrerin auftritt, ist Balleis, wie es sich für Erlangen gehört, in der Stadt auch auf dem Fahrrad zu sehen.

Brandenburg - das Fahrradland

Im Jahre 2002 wurde in Deutschland eine große Mobilitätsuntersuchung durchgeführt, deren Ergebnisse unter "Mobilität in Deutschland 2002" veröffentlicht wurden (siehe http://www.kontiv2002.de). Auch für den Radverkehr enthält die Untersuchung interessante Zahlen. Zum einen ergab sich bundesweit mit 9% ein leicht niedriger Radverkehrsanteil als vorher geschätzt (10%). Zum anderen zeigte sich als führendes Fahrradbundesland unter den Flächenstaaten nicht etwa Nordrhein-Westfalen oder Niedersachsen, sondern Brandenburg. Unter den Bundesländern hat nur der Stadtstaat Bremen einen höheren Radverkehrsanteil (18%, im Web wird aufgrund eines Tippfehlers allerdings auch Mecklenburg-Vorpommern genannt). In Brandenburg hat der Radverkehr im letzten Jahrzehnt deutlich zugenommen, besonders in Städten wie Potsdam und Dessau. Diese zählen mit Radverkehrsanteilen von 20 % und mehr heute zu den führenden Fahrradstädten in Deutschland. Interessant ist auch, dass in Ostdeutschland (11%) mehr Rad gefahren wird als in Westdeutschland (9%). Das Schlusslicht im Radverkehr ist unter den Bundesländern das Saarland (3%), aber auch Rheinland-Pfalz hat einen relative niedrigen Radverkehrsanteil (5%).

Mannheim und die Abwrackprämie

Die Stadt Mannheim rühmt sich damit, dass in ihr das Fahrrad, das Auto und der Traktor erfunden wurden. Anfang 2009 erwies sich die Stadt wieder als kreativ. In Mannheim wurde eine Abwrackprämie für Fahrräder ausgegeben. Allerdings betrug sie lediglich 50 Euro und reichte für nur 100 Fahrräder. Die Prämie galt nur für Fahrräder, welche nach dem 1. Mai 2009 gekauft wurden. Das alte Fahrrad musste man nicht verschrotten, sondern konnte es an einer Fahrradwerkstatt am Bahnhof abgeben. Auch im Fahrradladen des ehemaligen Mannheimer Radsportlers Willi Altig (sein bekannterer Bruder Rudi Altig ist heute Radsportkommentator im Fernsehen) fragten im Frühjahr 2009 Interessierte nach den Modalitäten der Abwrackprämie.

Graz

Graz ist eine der innovativsten Städte, was die Verkehrsplanung betrifft. Die Radorientierung verdankte Graz einst dem gelernten Bäckermeister und Radfahrer Erich Edegger (1940-1992). Der war seit 1971 Gemeinderat und dann ab 1974 als Planungs- und Verkehrsreferent und Vizebürgermeister tätig. Mit dem Verkehrsplaner Gerd Sammer führte er das Grazer Einbahnsystem ein. Als es dadurch zu Umwegen für Radfahrer kam, ließ er, was damals gesetzlich noch nicht abgedeckt war, 1981 die Einbahnstraßen für Radfahrer öffnen. Gleichzeitig wurde das Radverkehrsnetz ausgebaut. Nachdem er flächendeckend Tempo 30 eingeführt hatte, nannte ihn die Autolobby `Bäcker des Staus´. Edegger war ein Mann der Praxis. Als ihm seine Beamten mitteilten, dass in einer Straße bei 4 Fahrspuren kein Platz mehr für einen Radweg mehr wäre, rückte er selbst mit dem Maßband aus, um dies zu überprüfen. Als Edegger 1992 an einer Gehirnblutung starb, hatte Graz seinen Impulsgeber in der Radverkehrsplanung verloren. Nach Edegger sind heute in Graz ein Radweg und ein Fußgänger- und Radfahrersteg benannt.

Winterthur

Trotz ihrer Topografie hat die Schweiz einen ähnlichen hohen Radverkehrsanteil wie Deutschland. Die Schweiz hat zudem die höchste Dichte an Fahrradkurierfirmen und relativ viele Fahrradstationen an Bahnhöfen. In Winterthur gibt es keinen innerstädtischen Schienenverkehr, gleichzeitig sind Parkplätze knapp. Die Tatsache, dass die Straßen im flachen Winterthur kaum Steigungen aufweisen, tut ihr übriges. Mit einem Radverkehrsanteil von 25% ist Winterthur deshalb die führende Schweizer Fahrradstadt. Als weitere Fahrradstadt gilt in der Schweiz Basel.

5.3 Niederlande

Nachdem der Radverkehr in China und Vietnam zurückgegangen ist, sind die Niederlande mittlerweile das Land mit dem höchsten Radverkehrsanteil weltweit. Und dieser Anteil ist relativ stabil. Neben seiner innerstädtischen Bedeutung ist das Fahrrad in den Niederlanden auch ein wichtiges Element einer intermodalen Verkehrskette. 40% der Bahnkunden kommen mit dem Fahrrad zum Bahnhof und 10% fahren am Zielbahnhof auch mit einem Fahrrad weiter. Kein Wunder, dass es in den Niederlanden früher als anderswo Fahrradstationen an den Bahnhöfen gab.

Die Niederlande und die Fahrradsteuer

Für die Niederlande gibt es relativ genaue historische Zeitreihen zur Entwicklung des Fahrradbestandes. Das liegt daran, dass es dort früher eine Fahrradsteuer (1924: 3 Gulden pro Fahrrad) gab. Von 1899-1919 waren sogar Fahrradnummernschilder Pflicht, es gab sogar spezielle für Diplomaten. 1941 wurde die unpopuläre Steuer schließlich abgeschafft.

Groningen und Zwolle

Die Niederlande sind ein ausgesprochenes Radfahrerland. Doch auch hier gibt es Unterschiede. Den Vogel schießt Groningen ab, wo im Jahr 2005 38% Prozent aller Fahrten mit dem Rad gemacht wurden. Groningen wird deshalb auch *Welthauptstadt des Radfahrens* genannt.

Weniger bekannt im Ausland ist die Fahrradstadt Zwolle (Spitzname Zwollywood), die sich unter den holländischen Städten mit über 100 000 Einwohnern mit Groningen ein Kopf an Kopf Rennen liefert, was den Radverkehrsanteil betrifft. In Im Jahr 2001 hatte Zwolle sogar einen höheren Radverkehranteil als Groningen, doch im Jahr 2005 lag Groningen wieder 1% vor Zwolle (37%).

Auch hätte es Zwolle im Jahr 2000 fast geschafft, zur holländischen Fietsstad gewählt zu werden, einen Titel, den auch Groningen für sich erwartete. 2002 wurde Groningen endlich zur Fietsstad und hatte damit Zwolle wiederum überrundet.

Veenendaal

Während Groningen und manchmal Amsterdam im Ausland als Fahrradhauptstädte der Niederlande (oder gar der Welt) gesehen werden, sehen die Niederländer andere Orte ihres Landes an der Spitze, was die Fahrradfreundlichkeit betrifft. Der holländische Radfahrerverband *Fietsersbond* hat bisher dreimal (2000, 2002 und 2008) eine Fahrradstadt (*Fietsstad*) gewählt. Erste Fietsstad wurde im Jahre 2000 Veenendaal (Radverkehrsanteil 32%), wo jährlich das Radrennen Veenendaal-Veenendaal stattfindet. Veenendaal liegt an einem Waldgebiet und verfügt über attraktive Radwege.

Fietsstad Houten

Als die Fietsstad 2008 bestimmt wurde, wählte das Publikum mit 29.6% der Stimmen Veenendaal wieder an die Spitze (Nijmegen/Nimwegen wurde übrigens zweiter), doch die Experten entschieden sich, den Titel Houten (beim Publikum an dritter Stelle) zu verleihen. Houten (47 000 Einwohner), eine schnell wachsende Schlafstadt im Umland von Utrecht, berücksichtigt beim Ausbau der Gemeinde vorrangig die Belange des Radverkehrs. Sternförmig angelegte Radwege sorgen für eine schnelle Fahrraderreichbarkeit des Zentrums von allen Stadtvierteln aus, während Autofahrer dieses nur über den Umweg eines ‚Rundwegs', der die Viertel mit Stichstrassen anschließt, erreichen können. Houten hat deshalb einen Radverkehrsanteil von 30%, im Innenstadtbereich sogar von 60%.

5.4 Übriges Westeuropa

Im westlichen Europa sind, was den Radverkehr betrifft, zwei Dinge bemerkenswert. Zum einen ist es die Sonderstellung des Fahrradlandes Niederlande. Zum anderen erstaunt der relativ niedrige Radverkehrsanteil in Großbritannien und Frankreich (jeweils etwa 3%). Beide Länder bringen vom Wetter und von der Topografie her gute Voraussetzungen fürs Fahrradfahren mit sich. Beide Länder waren zudem einst wichtige Fahrradproduzenten (Großbritannien war in der Fahrradproduktion sogar lange weltweit führend) und hatte einst einen sehr intensiven Radverkehr. In Großbritannien mag heute die verglichen mit Kontinentaleuropa stärker in soziale Klassen segmentierte Gesellschaft zum niedrigen Radverkehrsanteil beitragen (egalitäre Gesellschaften sind förderlich für den Radverkehr). In Frankreich gleicht die Einstellung zum Verkehr eher der autofreundlichen in Südeuropa als der in den östlichen Nachbarländern.

Doch es ist gut möglich, dass der Radverkehr in beiden Ländern in Zukunft wächst. In Paris und London hat der Radverkehr in den letzten Jahren bereits stark zugenommen. Das liegt an Streiks und Anschlägen, die den öffentlichen Verkehr immer wieder lahmlegen, Parkplatzmangel und im Falle Londons auch der Einführung der Citymaut, die den PKW-Verkehr verteuert hat. In Paris ist das kürzlich eingeführte Radverleihsystem Velib zudem sehr erfolgreich und ähnliche Systeme breiten sich auch in anderen französischen Städten aus und das wachsende Umweltbewusstsein im Lande tut ihr Übriges. Als Fahrradstädte gelten in Frankreich heute Straßburg, La Rochelle und Bordeaux. Die belgische Hauptstadt Brüssel hat einen niedrigen, aber wachsenden Radverkehrsanteil. Fahrradleihsysteme sind in den letzten Jahren dort eingerichtet und Radwege ausgebaut worden.

Gent

Während in Wallonien relativ wenig Rad gefahren wird, übertrifft in Flandern der Radverkehrsanteil mit 14% das deutsche Niveau. Besonders viele Radfahrer sind in den Unistädten Leuven und Gent zu sehen, wo jeweils mehrere tausend Fahrräder am Bahnhof abgestellt sind. Gent erarbeitete bereits 1993 einen ersten Radverkehrsplan.

La Rochelle

Die einst von Kardinal Richelieu als Hugenottenzentrum ausgehungerte französische Hafenstadt gilt als eine der ökologischsten Städte Frankreichs. Hier wurde die erste Fußgängerzone des Landes eingeführt, hier wurde mit Weißen Fahrrädern und experimentiert und hier gibt es eine autofreie Innenstadt. Der Radverkehrsanteil liegt in der Stadt mit 7% über dem französischen Durchschnitt.

Straßburg

Als eine der führenden französischen Fahrradstädte gilt Straßburg. Das Stadtgebiet ist flach, relativ kompakt und hat eine große Zahl von Studenten. Die alemannische Mentalität im Oberrheingraben, wo das Fahrrad erfunden wurde und wo Fahrradstädte wie Basel, Freiburg und Karlsruhe liegen, tut ihr übriges. Mit einem Fahrradanteil von 12% wird in keiner anderen französischen Großstadt mehr Rad gefahren.

Cambridge und das Fahrrad im Baum

Die höchsten Radverkehrsanteile in Großbritannien weisen die Studentenstädte Cambridge und Oxford auf.
In Cambridge liegt der Radverkehrsanteil bei etwa 28%. Die Universität Cambridge ist sogar für einen Fahrradstreich bekannt. Lange Zeit war es üblich, dass Studenten in die Äste des Baumes im zentralen Hof des Trinity College ein Fahrrad hängten. Im Sommer war das Fahrrad

durch die Blätter unsichtbar, im Winter kam es jedoch zum Vorschein. Nach ein paar Jahren wurde das Fahrrad dann gewöhnlich von der Universität entfernt, bis die Studenten wieder ein neues Fahrrad im Baum deponierten.

York

Neben Oxford und Cambridge gilt die nordenglische Stadt York mit einem Radverkehrsanteil von 19% als wichtige britische Fahrradstadt. York weist ein für britische Verhältnisse gut ausgebautes Radwegenetz aus. York erhielt unlängst für den Zeitraum 2008-2011 den Status einer *Cycling City* und bekommt in diesem Rahmen für Maßnahmen zum Ausbau des Radverkehrs von der Regierung 3.68 Million £. Die Stadt hat das Ziel, den Radverkehr bis 2010 um 25% zu steigern und den Schülerradverkehr zu verdoppeln.

Die britische Post und die Fahrräder

Dass die räumlichen Strukturen in Großbritannien noch fahrradaffin sind, zeigt die britische Post, Royal Mail. Ihre Briefträger sind mit 36 500 Fahrrädern ausgestattet. Kein anderes Postunternehmen in Europa setzt so viele Fahrräder ein.

Dublin

Dublin hatte noch 1960 einen sehr hohen Radverkehrsanteil von 25%. Bis in die neunziger Jahre war er auf 5% gefallen. Doch obwohl sich der Radverkehr in Westeuropa seither stabilisiert hatte oder in manchen Städten sogar gestiegen war, ging er überraschenderweise in Irland und Dublin weiter zurück und lag 2002 bei unter 4 %. Der irische Wirtschaftsboom mit stark steigendem Straßenverkehr scheint dem Radverkehr nicht förderlich zu sein.

5.5 Nordeuropa

Trotz langer Winter mit kurzen Tagen wird in Nordeuropa relativ viel mit dem Rad gefahren. Faktoren, die dazu beitragen, sind die gute Radverkehrsinfrastruktur, das Umweltbewusstsein der Bevölkerung und egalitäre Gesellschaften. So ist die Mentalität in Dänemark und anderen skandinavischen Ländern vom egalitären *Janteloven* (Jante-Gesetz) geprägt. Für einen Unternehmensleiter oder einen Politiker ist es leichter, in einem Fahrrad aufzukreuzen als in einem Rolls-Royce. In Dänemark und Finnland werden zudem Neuwagen hoch besteuert. Dänemark ist nach den Niederlanden das Industrieland mit dem höchsten Radverkehrsanteil (18%), Kopenhagen steht bei der Radverkehrsdichte an der Spitze aller Millionenstädte der westlichen Welt. Hier wird zunehmend mit Stil geradelt. Der dänische Regisseur und Photograph Mikael Colville-Andersen kreierte 2006 dafür den begriff *cycle chic*. Odense gilt wiederum als Stadt wichtiger Radverkehrsinnovationen. Den höchsten Radverkehrsanteil Nordeuropas hat allerdings mit 35% das dänische Nakskov.

Auch Schweden hat einen relativ hohen Radverkehrsanteil von über 10%, besonders Südwesten des Landes. Malmö, Lund und Västeras gelten in Schweden als Fahrradstädte. In Norwegen verhindert die Topographie zweistellige Radverkehrsanteile. Hier gelten Trondheim (mit seinem Fahrradlift) und Sandnes als Fahrradstädte. Trotz harter Winter wird auch in Finnland noch relativ viel geradelt, besonders in der Fahrradstadt Oulu. Insgesamt gehört der Süden Skandinaviens zum europäischen Fahrradgürtel, der sich über Flandern, die Niederlande, Norddeutschland und Dänemark bis Südwestschweden erstreckt. In diesem Gürtel werden mehr als 15 % aller Fahrten mit dem Fahrrad unternommen.

Odense Fahrradstadt - Cykelby

Von 1999-2002 wurde in Odense das Projekt *Cykelby* (Fahrradstadt) realisiert. Hierbei versuchte man, die Bedingungen für den Radverkehr zu optimieren. Etliche Innovationen wurden eingeführt, welche später teilweise von anderen Städten übernommen wurden. Doch der Radverkehrsanteil änderte sich wenig. Das lag daran, dass er schon vor den Maßnahmen relativ hoch war und dass die neuen Brücken über den Großen Belt und den Öresund den Kraftfahrzeugverkehr stimulierten.

Kopenhagen

Unter den europäischen Metropolen gilt neben Amsterdam auch Kopenhagen seit Jahrzehnten als herausragende Fahrradstadt. Die flache Topographie, die egalitäre Gesellschaft und bis 2002 auch das Fehlen einer U-Bahn trugen dazu bei. Kopenhagen war eine Pionierstadt, was kostenlose Citybikes betrifft. Nach einer Stagnationsphase Mittlerweile versucht man wieder, Akzente zu setzen und der Begriff Copenhagenize bezeichnet heute Anstrengungen, Städte fußgänger- und fahrradfreundlich zu machen.

Stockholm

Stockholm entwickelt sich langsam, aber sicher zu einer Fahrradstadt. Etliche der in Odense und Kopenhagen erdachten Fahrradinnovationen wurden hier in den letzten Jahren übernommen, In Stockholm gibt es mittlerweile nicht nur (wie in Kopenhagen) kostenlose Citybikes, sondern, siehe Odense, auch eine öffentliche Fahrradpumpstation (die in den ersten drei Monaten von 15 000 Radfahrern genutzt wurde) und eine Fahrradzählanlage Seit den 90er Jahren hat sich der Radverkehr in der Stockholmer Innenstadt verdoppelt. Mit 8% ist der Radverkehrsanteil für eine Großstadt bereits beträchtlich.

Norwegens Fahrradstadt Sandnes

Seit den Anfängen des Fahrradverkehrs in Norwegen gilt das relative flache südnorwegische Sandnes (60 000 Einwohner) als die Fahrradstadt des Landes. In Sandnes gründete im Jahr 1892 Jonas Oeglaend die Fahrradfirma Oeglaend Cyklelager, die erst Räder anderer Hersteller montierte und ab 1906 eigene Fahrräder produzierte. 1932 suchte man einen neuen Markennamen und schließlich entschied man sich für den Vorschlag *Den Beste Sykkel* (DBS, das beste Rad), welcher vom zwölfjährigen Schüler Knut Johansen eingereicht wurde. 1989 wurde DBS an den schwedischen Fahrradhersteller Monark verkauft. Heute gehört DBS zur in Schweden beheimateten Gruppe Cycleurope. Wegen seiner Geschichte als Fahrradproduktionsstadt hat Sandnes heute auch ein Fahrradmuseum. Im Jahr 1997 erhielt Sandnes für die Bereitstellung von 225 kostenlosen Stadtfahrrädern einen Preis des Umweltministeriums. Die Stadt hat seit 1990 zudem 70 km Radwege und 40 Fahrradstellplätze angelegt. Im Jahr 1999 betrug der Radverkehrsanteil im Raum Stavanger-Sandnes 7% aller Fahrten, in Sandnes selbst dürfte er darüber liegen. Im Jahr 2008 wurde Sandnes von Virgin Travel auf Platz 6 einer Liste der 11 besten Fahrradstädte weltweit gesetzt.

Oulu und das Winterradeln

Die führende finnische Fahrradstadt ist Oulu (25 % Radverkehrsanteil). Und dies, obwohl Oulu am Polarkreis liegt. Im Winter ist es hier eiskalt und an manchen Tagen wird es gar nicht richtig hell. Doch in dieser Studentenstadt mit ihrer ökologisch orientierten Bevölkerung wird sogar in der kalten Jahreszeit geradelt. Der Winterdienst der Stadt hält die Radwege schneefrei und die Radfahrer sind auf Reifen mit Spikes unterwegs. Auch in Helsinki ist der Radverkehrsanteil mit 7% relativ hoch (im Winter liegt er jedoch bei nur 1/20 des Sommerniveaus).

5.6 Östliches Mitteleuropa und Osteuropa

Aufgrund fehlender Radwege, schlechten Straßen, kalten Wintern und einem preiswerten ÖV mit vielen Straßenbahnlinien war der Radverkehrsanteil in osteuropäischen Großstädten lange Zeit eher gering. Doch seit den späten neunziger Jahren ist der Radverkehrsanteil in Städten wie Budapest, Prag und Warschau von unter 1 % auf etwa 2 % gestiegen. In Budapest hatte er sich in den letzten 2 Jahren fast verdoppelt, begünstigt durch stark steigende Benzin- und Nahverkehrspreise nach dem Streichen von Subventionen. Prag hat bereits 1996 ein Ziel von 10% Radverkehrsanteil aufgestellt (welches jedoch nicht besonders ernst genommen wurde). Warschau hat seit 2006 einen eigenen Fahrradbeauftragten und ein gut besuchtes Critical Mass-Radeln. Hohe Radverkehrsanteile finden sich oft in Studentenstädten wie Olmütz in der Tschechischen Republik (9%) oder Krakau in Polen (4%). In Ungarn gilt Kecskemet als fahrradfreundliche Stadt.

Siauliai

Im Baltikum ist der Radverkehrsanteil, auch klimabedingt, eher gering. Das litauische Siauliai trägt trotz mäßigen Radverkehrsanteils den Beinamen *Fahrradstadt*. Es war bereits in Sowjetzeiten ein wichtiger Fahrradproduktionstandort und Testort für Radverkehrskonzepte. Den höchsten Radverkehrsanteil im Baltikum hat jedoch die Studentenstadt Tartu.

Nowa Huta und Krakau

Die 1949 gegründete Stahlstadt Nowa Huta, heute ein Stadtteil von Krakau, war die erste polnische Stadt, in welcher Radwege angelegt wurden. Doch der subventionierte öffentliche Verkehr bot billige Tarife und durch den wachsenden Autobestand wurden die Fahrradspuren bald als Parkplätze missbraucht. Im benachbarten Krakau waren die Bedingungen für den Autoverkehr in der engen mittelalterlichen Altstadt weniger gut, außerdem gab es hier eine hohe Zahl von Studenten. Krakau entwickelte sich deshalb zu einer polnischen Fahrradstadt. Hier wurden 2002 erstmals in Polen Einbahnstraßen für Radfahrer in Gegenrichtung freigegeben.

Warschau

In Warschau liegt der Radverkehrsanteil mit unter 2% noch deutlich unter vergleichbaren deutschen Städten wie etwa Hamburg oder Berlin. Die Stadt hat zwar 150 km Radwege, doch diese sind meist von schlechter Qualität was Belag und Führung betrifft und formen kein konsistentes Netz. Immerhin weist der Radverkehr in der polnischen Hauptstadt eine wachsende Tendenz auf und Potential ist vorhanden, denn in der Stadt gibt es 1 Million Fahrräder, 70 Fahrradgeschäfte, Fahrradkuriere und ein Critical Mass-Radeln, welches im Mai 2008 über 2300 Radfahrer anzog und somit eines der größten Critical Mass Events in Europa darstellt.

Die (sportlichen) Fahrradhauptstädte Polens

Polen hat gleich zwei Fahrradhauptstädte: Szklarska Poreba (Schreiberhau) und Swieradow Zdroj (Bad Flinsberg) im Riesengebirgsvorland bzw. Isergebirge. Doch diese Orte sind weniger Hochburgen des Alltagsradelns als vielmehr Touristenorte mit gut ausgebauten Mountainbike-Strecken. Bad Flinsberg wird auch *Fahrradhauptstadt des Isergebirges* genannt und weist 200 km Rad- und Wanderwege auf. In Schreiberhau, auch als *Fahrradhauptstadt Polens* bezeichnet, sind es mehrere hundert km. Im September jeden Jahres findet in Schreiberhau ein Fahrradfestival statt (Festival Rowerowy), außerdem ist der Ort Station der Tour de Pologne. Und etliche professionelle Mountainbiker trainieren hier.

Prostejov

Als Fahrradstadt in der Tschechischen Republik gilt das mährische Prostejov (Radverkehrsanteil: 20%). Hier wurde der Kontaktlinsenerfinder Otto Wichterle geboren. Als er zu Hause ein Verfahren für die mechanische Produktion von Kontaktlinsen entwickelte, nutzte er als Antrieb für seine Maschine einen Fahrraddynamo.

Békés

In ungarischen Kleinstädten ist der Radverkehrsanteil deutlich höher als in der Hauptstadt Budapest. Für die Puszta-Kleinstadt Békés gibt ein zur Velo-City Konferenz 2009 aufgelegtes Informationsblatt des ECF gar einen Radverkehrsanteil von 60% an, was den wirklichen Radverkehrsanteil jedoch ein wenig überzeichnen dürfte.

Der erste Fahrradständer von Kischinau

Noch wenig entwickelt ist die Radverkehrsinfrastruktur in Moldawien. Die Hauptstadt Kischinau hat erst seit 2005 einen Radweg. Als der deutsche Dozent Julian Kröger im September 2007 eine Stelle in Kischinau antrat und mit dem Fahrrad zur Uni fuhr, musste er feststellen, dass es dort keinen Fahrradständer gab. Anderthalb Jahre lang band er sein Rad an einem Baum fest. Doch schließlich zeigte er einem Schweißer ein Internet-Bild eines Fahrradständers und bat diesen, einen solchen nachzubauen. Von einem Studenten ließ er dann ein Fahrrad und das Uni-Logo aufmalen. Der Rektor genehmigte den Fahrradständer, weil er einen solchen einst in Belgien gesehen hatte und mit westlicher Zivilisation assoziierte.

Der ‚*erste Fahrradständer in Moldawien*‘ löste Berichte der örtlichen Presse (und sogar der Frankfurter Allgemeinen) aus und war sogar dem moldawischen Fernsehen einen Beitrag in den 20-Uhr-Nachrichten wert.

5.7 Südeuropa

Trotz angenehmer Temperaturen und geringerer Niederschläge wird in Südeuropa deutlich weniger Rad gefahren als in Nordeuropa. Ein Grund dafür ist die Einstellung der Bevölkerung zum Rad. In Südeuropa wird das Fahrrad eher als Sportgerät und Kinderspielzeug denn als Verkehrsmittel gesehen. Ein weiterer Grund ist die vom Wetter begünstigte intensivere Nutzung motorisierter Zweiräder in Südeuropa (zum Beispiel Motorroller in italienischen Städten) die hier teilweise die Rolle von Fahrrädern übernehmen. Doch auch in Südeuropa gibt es Städte und Regionen mit hohem Radverkehrsanteil. Italien hat immerhin einen mittleren Radverkehrsanteil und ist ein Land mit bedeutender Fahrradindustrie, einer Radsporttradition und einst dichtem Radverkehr in den Städten. Relativ viel Radverkehr findet sich noch heute in den mittelgroßen Städten Norditaliens, vor allem in der Poebene. In Spanien und Portugal ist der Radverkehr deutlich geringer. Hier zeigt sich jedoch die Stadt Barcelona innovativ was Verleihsysteme und das Fahrradparken betrifft. Die baskischen Städte zeigen die höchsten Radverkehrsanteile Spaniens. In San Sebastian hat sich der Radverkehrsanteil seit 1995 von 2% auf heute 4% verdoppelt. Unter den Großstädten hat neben Barcelona Valencia den höchsten Radverkehrsanteil (in beiden Städten beträgt er jedoch nur 1-2%). In Madrid und Lissabon wird sehr wenig Rad gefahren. Als portugiesische Fahrradstadt gilt Aveiro.

Ferrara - die italienische Fahrradstadt

Das in der Poebene gelegene Ferrara ist die Stadt mit dem höchsten Radverkehrsanteil Südeuropas (31% aller Wege wurden hier im Jahr 2000 mit dem Fahrrad zurückgelegt). Hier gibt es, was es in den meisten italienischen Städten nicht gibt, - einen bewachten Fahrradparkplatz am Bahnhof, ein Fahrradbüro und eine fahrradorientierte Verkehrsplanung. Nicht umsonst hat die Stadt den Beinamen *Stadt der Fahrräder* (*città delle biciclette*).

☞ Auch in anderen Mittelstädten der Poebene wird viel geradelt, so in Modena, Heimat von Ferrari, Lamborghini und des italienischen Opernstars Luciano Pavarotti (1935-2007). Einmal wurde Pavarotti dort von einer Radfahrerin angefahren. *„Verzeihen Sie"*, sagte die Frau, *„aber ich habe Sie nicht gesehen"*. „*Das*", erzählte der mit seinen Pfunden kämpfende Pavarotti, *„war das größte Kompliment, das ich jemals bekommen habe."*

Aveiro und BUGA

Als portugiesische Fahrradstadt gilt Aveiro, wegen seiner Kanäle auch *Venedig Portugals* genannt. Im Jahr 2000 wurde hier das Fahrradverleihsystem BUGA eingeführt. 200 städtische Fahrräder wurden den Bürgern zur kostenlosen Nutzung überlassen. Die meisten BUGA-Nutzer gingen vorher zu Fuß, ein Viertel ist jedoch vom Auto umgestiegen. Es wird geschätzt, dass durch das Verleihsystem 3000 Tonnen CO_2 pro Jahr vermieden werden.

Die Fahrradtransportbänder Mallorcas

Mallorca ist nicht nur die Lieblingsinsel der Deutschen (manchmal wird sie als 17. Bundesland bezeichnet), sie ist auch ein bevorzugtes Ziel vieler Radtouristen. Das gute Wetter und die Topografie locken besonders Mountainbiker an. Bereits 100 000 Radurlauber werden pro Jahr auf der Insel gezählt. Diese bringen ihr Rad oft im Flieger mit. Mittlerweile gibt es auf dem Flughafen Palma deshalb eigene Transportbänder für Fahrräder.

5.8 Südosteuropa und die Türkei

In Südosteuropa wird eher wenig Rad gefahren. In Athen etwa sind Radfahrer kaum zu sehen. Doch in Mittelgriechenland gibt es kleinere Städte mit relativ hohem Radverkehrsanteil, darunter Volos und Karditsa. Trotz zunehmenden Staus und Ausbau von Radwegen haben auch Bukarest und Sofia nur wenig Radverkehr. Deutlich mehr Fahrradfahrer sind dagegen in Albanien und Slowenien unterwegs.

Ljubljana

Einen relativ hohen Radverkehrsanteil, etwa 10%, hat die slowenische Hauptstadt Ljubljana. Die Stadt hat viele Studenten, aber keinen städtischen Schienennahverkehr - gute Voraussetzungen für den Radverkehr. Zudem hat Slowenien Radsporttradition, das Fahrradimage ist hier ein sportliches.

Der Fahrradlift von Belgrad

In Belgrad sind bereits täglich 20 000 Radfahrer unterwegs, obwohl die Fahrradinfrastruktur in der Innenstadt noch wenig ausgebaut ist. Besser ist das Radwegenetz im flachen Stadtteil Neu-Belgrad. Doch gibt es dort große Höhenunterschiede zwischen den Radwegen an der Save und den Brücken. Der serbische Verkehrsplaner Mirko Radovanac kämpfte deshalb seit 1997 für den Bau eines Fahrradliftes. Doch die schwierigen wirtschaftlichen und politischen Verhältnisse ließen eine Verwirklichung zunächst unrealistisch erscheinen. Im September 2005 wurde sein Traum jedoch Wirklichkeit. Ein gläserner Fahrradlift (Kosten: 100 000 Euro) wurde an einer Savebrücke eröffnet. Der Europäische Fahrradverband ECF gratulierte und meinte dazu, der Lift sollte wegen Radovanac' unermüdlichen Bemühungen eigentlich ‚Mirko-Fahrrad-Lift' genannt werden.

Koprivnica (Kroatien)

Koprivnica in Kroatien gewann 2008 den Europäischen Mobilitätspreis. Hier gibt es 15 km Fahrradwege, City bikes und 2005 wurde sogar ein Fahrradmonument aufgestellt. Die kroatische Stadt hat das Ziel, den Radverkehrsanteil in den nächsten 10 Jahren auf 30% zu steigern.

Skutari (Shkoder) - die albanische Fahrradstadt

Eine Sonderstellung in Südosteuropa nimmt der Radverkehr in Albanien ein. Albanien war lange Zeit eines der isoliertesten Länder der Welt. Man orientierte sich an China und der Kommunismus wurde unter Enver Hodscha ernst genommen, Privatautos gab es hier bis 1991 keine. Da auch der öffentliche Verkehr wenig ausgebaut war, es keine Straßenbahnen gab und das Eisenbahnnetz sehr klein war, spielte der nichtmotorisierte Verkehr eine wichtige Rolle. Auf dem Land legten die Bewohner lange Strecken zu Fuß zurück, in den Städten waren viele auf Fahrrädern unterwegs. An den Ausfallstraßen befanden sich meist kleine Fahrradreparaturwerkstätten. Nach der Wende wurde Albanien von Gebrauchtwagenimporten überschwemmt. Doch angesichts der desolaten Wirtschaftslage konnten sich viele weiterhin keinen PKW leisten und deshalb sieht man immer noch relativ viele Radfahrer in Albanien.

Als Stadt mit dem höchsten Radverkehrsanteil im Land gilt das in einer Ebene gelegene Skutari (Shkoder) in Nordalbanien. Dort fand bereits im Jahre 1920, für albanische Verhältnisse also recht früh, ein Fahrradrennen statt. Als im September 2008 in Skutari ein autofreier Tag veranstaltet wurde, meinte ein albanischer Blogger, dies würde keinen Sinn machen, denn in Skutari hätte jeder

Mann, jede Frau, jedes Kind, jeder Hund und jede Katze ein Fahrrad und würde dies auch nutzen.

Ein anderer meinte, zur Kunst des Radfahrens in Skutari gehöre es, ein kleines Kind vorne und ein größeres hinten zu transportieren, denn so würden die kinderreichen albanische Mütter ihre Transportprobleme ohne Auto lösen.

Karditsa- die griechische Fahrradstadt

Während die Verkehrsverhältnisse in den griechischen Großstädten als fahrradfeindlich gelten, gibt es im Land doch auch Fahrradstädte. Eine davon ist Volos in Thessalien, hier werden 12% aller Fahrten mit dem Rad zurückgelegt (Besucher meinen jedoch, nur wenige Radfahrer auf den Straßen zu sehen). Noch höher ist der Radverkehrsanteil im mittelgriechischen Karditsa. Hier wurde in den letzten Jahren viel in ein Radwegenetz investiert - mit guten Erfolgen. Heute liegt der Radverkehrsanteil in der Stadt bei 22%. 60 % aller Wege in der Stadt werden per Rad oder zu Fuß zurückgelegt. Und es sind alle Altersgruppen, die mitmachen; auch die Hälfte der über 50jährigen nutzt das Rad regelmäßig. Der Bürgermeister der Stadt meint dazu, dass dort, wo früher Autos parkten, jetzt eben Radwege verlaufen würden.

Bukarest und die streunenden Hunde

Vor der Wende des Jahres 1989 war das Fahrrad in Rumänien eher ein ländliches Verkehrsmittel, in größeren Städten waren Radfahrer kaum zu sehen. In den Nachwendejahren wuchs der Autoverkehr rasch und in der Hauptstadt Bukarest kam ein weiteres Unbill für Radfahrer hinzu. Dort gab es immer mehr streunende Hunde. So wurde der rumänische Künstler Catalin Rulea etwa mehrmals von Hunden angegriffen, als er mit dem Rad unterwegs war. Heute gibt es in Bukarest weniger herrenlose Hunde und die Zahl der Radwege hat zugenommen.

Meist sind diese jedoch nur auf die Bürgersteige aufgemalt, 2009 gab es in dieser Millionenstadt erst 1.5. km separate Radwege. Der Radverkehrsanteil in der Stadt betrug nur 0.5%. Im Rahmen des internationalen Projektes *Spicycles* (2006-2009, siehe http://spicycles.velo.info), versuchte man, die Radverkehrsbedingungen in den rumänische Städten Bukarest und Ploiesti (sowie in Berlin, Barcelona, Göteborg und Rom) zu verbessern. Heute gibt es immerhin ein bescheidenes Fahrradleihsystem (100 Räder) in der Hauptstadt.

Eher als Bukarest ist das westrumänische Temeschwar auf dem Weg zur Fahrradstadt. Temeschwar hat 2009 die Velo-City Charta unterschrieben.

Konya, die türkische Fahrradhauptstadt

Als türkische Fahrradhauptstadt gilt Konya in Anatolien. Von der flachen Topographie und einer Radsporttradition begünstigt, ist das Radfahren hier im Alltag üblicher als in anderen türkischen Großstädten. Der Radverkehrsanteil im innerstädtischen Verkehr betrug in Konya im Jahr 2000 3.4%, an den Straßen gibt es 60 km Fahrradspuren. Bereits in den 1920er Jahren kam hier der türkische Radsport auf. 1950 wurde in Konya eine Radrennbahn eröffnet und seit den 1960er Jahren gewann das Radrennteam von Konya zahlreiche türkische Meisterschaften. In Konya gibt es zudem ein jährliches Fahrradfest.

Die türkische Fahrradinsel

Die Prinzeninseln im Marmarameer vor den Toren Istanbuls sind autofrei. Auf Büyükadu, der größten Insel, sind die Entfernungen bereits so groß, dass sie mit Hilfe von Kutschen und Fahrrädern überwunden werden. Auf dieser Insel gibt es deshalb große Pferdestallungen, aber auch etliche Radfahrer sind unterwegs. Der Radverkehrsanteil dürfte im Hauptort der Insel über 30% betragen.

5.9 Nordamerika

Nordamerika gehört paradoxerweise zu den Regionen mit dem höchsten Fahrradbestand pro Einwohner und gleichzeitig dem geringsten Radverkehrsanteil. Das liegt daran, dass Fahrräder zwar für den Freizeitsport genutzt werden, aber nur wenig im Berufsverkehr zum Einsatz kommen. Die Volkszählung von 2001 in den USA hat einen Anteil des Fahrrades an den Fahrten zur Arbeit von nur 0.4% festgestellt, ein Rückgang verglichen mit 1991. Die wenig kompakten amerikanischen Siedlungsstrukturen zwingen viele Pendler weite Wege mit dem Auto zurückzulegen. Radverkehrsaktivisten glauben allerdings, dass diese Zahlen ein verzerrtes Bild zeichnen, da im Zensus nach dem Hauptverkehrsmittel gefragt wird und somit gelegentliches Radfahren oder das Rad als Zubringer nicht erfasst wird und weil im Ausbildungs- und Freizeitverkehr höhere Radverkehrsanteile erreicht werden. Kleinere amerikanische Universitätsstädte wie Davis in Kalifornien, Madison in Milwaukee oder Gainesville in Florida weisen insgesamt durchaus hohe Radverkehrsanteile auf. Unter den mittelgroßen Städten gilt Portland in Oregon (wegen seiner Zersiedlung vermeidenden Stadtplanung auch Mecca of anti-sprawl genannt) als Fahrradstadt, unter den Millionenstädten ist es Chicago, wo sich früher die amerikanische Fahrradindustrie konzentrierte.

Kanada weist trotz kalter Winter verglichen mit den USA etwa dreimal so hohe Radverkehrsanteile auf. Hier sind die Ballungsräume weniger zersiedelt, die Städte kompakter und die Radverkehrsinfrastruktur ist besser. British Columbia und die nördliche Provinz Yukon haben mit 2% (der Berufspendler) den höchsten Radverkehrsanteil. Einen ähnlichen Anteil weist die Hauptstadt Ottawa auf. Als kanadische Fahrradhauptstadt gilt hingegen Victoria im Bundesstaat British Columbia, wo 5% der Berufstätigen mit dem Fahrrad zur Arbeit kommen.

Kalifornien - Bundesstaat der Fahrradinnovationen

Etliche Innovationen im amerikanischen und weltweiten Fahrradverkehr der letzten Jahrzehnte sind von Kalifornien ausgegangen. Aus Kalifornien kamen das BMX-Rad, das Mountainbike und der moderne Fahrradhelm. San Francisco hatte (mit New York) die ersten Fahrradkuriere und in der Stadt ist Anfang der neunziger Jahre auch das *Critical Mass-Radeln* entstanden. Die Stadt hat das Ziel, den Radverkehrsanteil von 2% auf 10% zu steigern. Die erste moderne Fahrradstation Amerikas wurde zudem im Großraum Los Angeles eingerichtet.

Als amerikanische Fahrradhauptstadt gilt die kalifornische Studentenstadt Davis. Was die Qualität der Fahrradinfrastruktur betrifft, wurde Davis bereits öfter an die Spitze der US-Städte gewählt. Auch im Bereich der Universität Stanford, wo auf dem riesigen Campus Autos nicht erlaubt sind, werden hohe Radverkehrsanteile beobachtet. Stanford gehört zu Palo Alto im Silicon Valley und diese Stadt machte in der Radverkehrswelt dadurch auf sich aufmerksam, dass es größeren Betrieben Duschen für radelnde Mitarbeiter vorschrieb.

San Francisco's Fixed gear-bikes

Von San Francisco ging ab etwa 2005 ein neuer Trend im Fahrradverkehr aus: die Alltagsnutzung von Eingangsrädern, wie sie im Hallenradsport Verwendung finden. Zuerst taten dies die in San Francisco allgegenwärtigen Fahrradkuriere, bald galten sie bei jungen Radfahrern als hip. Mittlerweile sind so genannte Fixed-gear bicycles, auch fixies genannt, auch öfters in anderen nordamerikanischen und in britischen Großstädten zu sehen, seltener in Deutschland. Eingangsräder haben keine Kettenblätter, Pedal und Rad bewegen sich synchron. Der Vorteil von Eingangsrädern ist ihr geringes Gewicht, ihre Robustheit und der einfache Unterhalt. Das Radfahrerlebnis ist für Fans mit fixed-gear Rädern intensiver. Höhere Aufmerksamkeit ist notwendig, um mit dem Verkehr mitzuschwimmen. Allerdings sind sie für Radfahrer, die mit Gangschaltungen aufwuchsen gewöhnungsbedürftig. In Deutschland ist die Nutzung von Eingangrädern eigentlich durch die Straßenverkehrsordnung nicht abgedeckt, denn diese schreibt zwei voneinander unabhängige Bremsen vor. Im August 2009 folgte ein Bonner Gericht allerdings der Argumentation eines von der Polizei erwischten Fixie-Radfahrers, der meinte, dass der Starrlauf am Eingangsrad als Bremse zu werten ist.

Die Fahrradbusse von Seattle

In Seattle sind alle Busse mit Halterungen versehen, die es ermöglichen, Fahrräder zu transportieren. Dies geht auf den Bau einer Brücke zurück, die für Fahrradfahrer gesperrt war. Um diesen die Überquerung zu ermöglichen, wurde die Fahrradmitnahme in Bussen, die über die Brücken fuhren, eingeführt. Da Fahrräder im Bus ein Sicherheitsrisiko für Fahrgäste darstellen, wurden Fahrradhalterungen schließlich vorne am Bus angebracht. Im Laufe der Zeit wurde Forderungen nachgegeben, dies auf anderen Relationen auszudehnen, bis schließlich alle Busse Fahrradhalterungen hatten.

Die fahrradfreundlichste Stadt

Einen regelmäßigen Test der Fahrradfreundlichkeit führt (für Nordamerika) die US-Zeitschrift *Bicycling* durch. 2006 lag Portland (Oregon), wie in den Jahren zuvor, insgesamt an der Spitze, bei den Millionenstädten war es San Diego. Bei den Kleinstädten war Davis die führende Fahrradstadt. Im Jahr 2007 gab der Reiseveranstalter *Virgin Vacations* eine Liste der 11 fahrradfreundlichsten Städte weltweit heraus und Portland landete dabei nach Amsterdam auf Platz 2

Weitere US-Städte auf der Virgin-Liste: Boulder (Colorado), Davis und San Francisco. Siehe: http://www.virgin-vacations.com/site_vv/11-most-bike-friendly-cities.asp
Diese Städte wurden 2006 auch auf einer Washington Post-Liste der Top 10 US Fahrradstädte genannt.
Als am wenigsten fahrradfreundliche Städte gelten hingegen Atlanta, Boston und Houston. Dass sich eine solche Einstufung ändern kann, zeigt Las Vegas, 1999 noch als eine der fahrradunfreundlichsten US-Städte klassifiziert. Nach dem Bau von Radwegen, Fahrradständern und der Ausrüstung von Bussen mit Fahrradhalterungen wird Las Vegas mittlerweile als akzeptable Fahrradstadt gesehen.

Die Audio-Fahrräder

Ende 2007 berichtete die New York Times von einem neuen Fahrradtrend in der größten US-Stadt. So genannte Audio bikes, Fahrräder, die mit riesigen Soundanlagen und Lautsprecherboxen ausgestattet sind. Teilweise sind sogar Stützräder nötig, um die Last zu tragen. Die Audioräder werden vor allem von jugendlichen Einwanderern aus Trinidad und Guyana gebastelt und gefahren. In Trinidad gibt es solche Audio bikes schon seit mehreren Jahren. Dort stellen sie Ersatz für (für Jugendliche unerschwingliche) Autos mit Soundanlagen dar.

Bike Kill Brooklyn

Eines der freakigsten Fahrradevents findet jedes Jahr im Oktober im New Yorker Stadtteil Brooklyn statt. Das erste *Bike Kill* wurde 2003 veranstaltet. Ein Video zu Bike Kill 2009 findet sich auf *Youtube*:
http://www.youtube.com/watch?v=eRz6Liho94g
In Bike Kill drehen sich alle möglichen bizarren Wettbewerbe rund ums selbst gebastelte oder umgebaute Fahrrad, darunter Turniere mit tall bikes oder mit besonders niedrigen Rädern.

5.10 Lateinamerika

Das Fahrrad wurde in Lateinamerika von der Mittelschicht lange nicht als Verkehrsmittel für Erwachsene akzeptiert. Für Männer, die dem Machismo huldigten, war es nicht männlich genug, für Frauen galt es nicht als feminin, Rad zu fahren. Außerdem hatte es ein Arme Leute-Image. Doch seit einigen Jahren nimmt der Fahrradverkehr in Lateinamerika zu. Gründe sind Staus und fehlende Parkplätze in den größeren Städten, höhere Schulbesuchsquoten und durch das Auto ermöglichte siedlungsstrukturelle Veränderungen mit größeren Distanzen und damit mehr Schülerradverkehr und ein positiveres sportliches Image des Fahrrades durch Innovationen wie Mountainbikes etc. Seit der Energiekrise Anfang der 90er Jahre hat Kuba den höchsten Radfahranteil in Lateinamerika (um die 20%), aber auch in Brasilien wird relativ viel Rad gefahren, vor allem in kleineren Städten an der Küste. Täglich werden in Brasilien 15 Millionen Fahrten mit dem Rad durchgeführt, was 7.4% aller Fahrten entspricht. Hohe Radverkehrsanteile weisen auch Nicaragua und die Cayman-Inseln auf, mittlere Anteile Uruguay (5%) und Argentinien. In den anderen Ländern ist der Radverkehrsanteil niedriger, insgesamt beträgt er in Lateinamerika und der Karibik wie in Europa ungefähr 5%. Auch in den Großstädten wächst der Radverkehr, auch durch den Bau von Radwegen gefördert. Vorbilder sind hier Curitiba in Brasilien, das 90 km Radwege hat, und Bogota, eine Stadt mit Radfahrtradition. Die erfolgreichen Maßnahmen Bogotas in Bezug auf die Förderung des Radverkehrs werden mittlerweile auch für andere Städte wie Mexico-City zum Vorbild. Zudem werden in manchen Ländern des Kontinents auch die Radverkehrsinnovationen besonders registriert, die in den letzten Jahren aus Barcelona kommen.

Radverkehr in Kuba

Als sich 1991 die Sowjetunion auflöste, verlor Kuba einen seiner wichtigsten Verbündeten. Die UdSSR hatte die Karibikinsel nicht nur mit Milliarden von Rubeln unterstützt, sie lieferte dem Land auch billiges Öl. Da Kuba kaum Devisen hatte und einem Handelsboykott der US-Amerikaner (und teilweise deren Verbündeter) unterlag, fand sich das Land Anfang der 90er Jahre in einer schweren Energiekrise. Fidel Castro ließ daraufhin aus China 1 Million Fahrräder importieren und quasi über Nacht wurde aus Kuba, das vorher nur einen niedrigen Radverkehrsanteil von 0.5% aufwies, ein Fahrradland. Bis zu einem Drittel aller Fahrten in Havanna wurden in den frühen Neunzigern mit dem Rad unternommen, sogar Fahrradtaxis kamen auf. Doch die Energiekrise linderte sich Ende der neunziger Jahre, als Hugo Chavez, ein ausgesprochener Freund Fidel Castros, im ölreichen Venezuela an die Macht kam. Seither ist der Radverkehr in Kuba leicht zurückgegangen, doch das Fahrrad spielt in diesem Land, in welchem es kaum Privatautos gibt, immer noch eine wichtige Rolle (Radverkehrsanteil: 13%) und auch Fahrradtaxis gibt es weiterhin.

Bogota und Enrique Penalosa

Eine relativ gute Fahrradinfrastruktur hat die kolumbianische Hauptstadt Bogota. Dies ist vor allem Enrique Penalosa zu verdanken, 1998-2000 Bürgermeister der Stadt. Bereits vorher gab es allerdings schon eine gewisse Radfahrtradition in der Stadt und es war bereits üblich, Innenstadtstraßen am Wochenende für autofrei zu erklären.

Penalosa setzte sich unter anderem für eine Verbesserung des Bus- und Fahrradverkehrs ein. Das TransMilenio-Konzept separater Busspuren (in der Stadt gibt es keine Metro) und 300 km Fahrradwege wurden in seiner Amtszeit angelegt. So stieg der Radverkehrsanteil von 0.5% im Jahr 1997 auf 5% im Jahr 2001, ein beachtlicher Wert für eine lateinamerikanische Großstadt. Der Erfolg Bogotas beginnt auch andere Großstädte zu motivieren. So peilt man in Mexiko City einen ähnlichen Radverkehrsanteil an, der aber nur schwer zu erreichen sein dürfte.

Mexico-Citys ehrgeiziger Bürgermeister

Während im übrigen Lateinamerika Erwachsene selten mit dem Rad fahren, ist es dort in manchen Ländern für Kinder doch ein wichtiges Verkehrsmittel. 2006 spendierte die Stiftung des mexikanischen Milliardärs Carlos Slim 70 000 Räder, die Kindern in abgelegenen Gebieten Mexikos den Schulbesuch erleichtern sollen.

In der 20-Millionen Einwohner zählenden Hauptstadt Mexico-City wird dagegen nur wenig Rad gefahren. Der Radverkehrsanteil beträgt hier nur 0.7 %. Nachdem Bogota einen ähnlichen Radverkehrsanteil durch Radwegebau in nur 4 Jahren auf 5% angehoben hat, will man jedoch auch in Mexico-City Ähnliches erreichen. Für 2010 ist ein Radverkehrsanteil von 2%, für 2012 von 5% geplant. Marcelo Ebrard, der Bürgermeister der Stadt, will mit gutem Beispiel vorangehen. Jeden ersten Montag im Monat will er mit dem Rad ins Büro kommen. Als er es zum ersten Mal ausprobierte, musste er zu seiner Überraschung feststellen, dass er für die 5.5 km von seiner Wohnung zum Radhaus mit dem Fahrrad nur 18 Minuten brauchte, wenig in einer staugeplagten Stadt. An einem Sommertag im Jahr 2007 überraschte er die Spitzen der Stadtverwaltung, indem er sie in einem Park versammelte und auf das Ziel einschwor, ebenfalls einmal im Monat mit dem Rad zur Arbeit zu fahren.

Der höchste Radverkehrsanteil der Südhalbkugel
Rio de Janeiro hätte weniger Mühe, das 5%-Ziel zu erreichen, denn dort liegt der Radverkehrsanteil schon heute bei 3% und das Radwegenetz der Stadt ist mit 140 km nach Bogota das zweitlängste Lateinamerikas. Zudem hat Rio als erste Stadt Lateinamerikas ein öffentliches Fahrradleihsystem eingeführt. Auch Curitiba hätte mit diesem Ziel weniger Mühe, hier wurden bereits 1992 Pläne erstellt, ein Radwegenetz von 150 km zu verwirklichen (davon wurden bisher aber < 100 km angelegt). Mit seinen von Bürgermeister Jaime Lerner in den 90er Jahren eingeführten Innovationen im Busverkehrssystem, der Abfallentsorgung und den Radwegen gilt die Stadt als Musterbeispiel nachhaltiger Entwicklung.

Doch die brasilianische Radverkehrshauptstadt ist weder Rio noch Curitiba, sondern ein kleiner Küstenort im Bundesstaat São Paulo. Ubatuba ist wahrscheinlich die Stadt der Südhalbkugel mit dem höchsten Radverkehrsanteil. Auf 80 000 Einwohner kommen hier 70 000 Fahrräder und in einer Umfrage gaben 82% der Familien an, täglich mindestens ein Mal das Fahrrad zu nutzten, während gleichzeitig nur 5.6% der Familien täglich das Auto in Bewegung setzen. Die brasilianische Webseite *Desciclopedia*, die die Informationen von Wikipedia parodiert, gab den Radverkehrsanteil der Stadt spaßeshalber mit 100% an, keine anderen Verkehrsmittel würden in Ubatuba genutzt. Und im Sommer 2007 verwandelte sich die Innenstadt für ein paar Wochen in `Magrelandia´, einem Fahrradland (magrela, die Magere, ist das brasilianische Wort für Fahrrad).

☞ Eine weitere Fahrradstadt in Brasilien ist Pomerode im Bundesstaat Santa Catarina. Die Stadt, die von deutschen Einwanderern gegründet wurde und zahlreiche Fachwerkhäuser hat, gilt als deutscheste Brasiliens und Radfahrer sieht man hier so viele wie in Deutschland.

Ascobike
Die Stadt São Paulo hat 10 Millionen Einwohner, der Ballungsraum fast 20 Millionen. Mehr als 5 Millionen Kraftfahrzeuge sind hier unterwegs. Kein Wunder, dass die Strassen in dieser Agglomeration meist verstopft sind. Aber auch das viel zu kleine U-Bahnnetz hat die Grenzen seiner Kapazität erreicht. Deshalb wächst seit einigen Jahren der Fahrradverkehr, allerdings von einem niedrigen Niveau aus. Von 1997 bis 2002 hat sich der Radverkehrsanteil in São Paulo von 0.3% auf 0.6% glatt verdoppelt, die Zahl der Fahrradfahrten ist in diesem Zeitraum von 54 000 auf über 130 000 gestiegen. Da die Zahl der Pendler, die die Vororteisenbahn nutzen, ebenfalls wächst, kam es zu einem wachsenden Bedarf an Bike and Ride Plätzen
Auch der Vorsteher des Vorortbahnhofs Mauá, Adilson Alcantara beobachtete, wie die Zahl der an diesem Bahnhof geparkten Fahrräder laufend zunahm und schließlich sogar den Zugang zum Bahnhof behinderte. Deshalb beschloss er im Jahr 2001, Ascobike, einen Verein für Bahnhofsfahrradparker, zu gründen und für die Mitglieder am örtlichen Bahnhof eine bewachte Abstellanlage einzurichten. Ascobike hat heute 1800 Mitglieder und die Anlage mit 700 Stellplätzen, die gegen eine Monatsgebühr von umgerechnet 3 Euro benutzt werden kann, ist gut ausgelastet. Das Engagement Alcantaras wurde schließlich mit einem nationalen Fahrradpreis bedacht.

Uruguays Bankenkrise und die Radfahrer
Im Juli 2002 kam es in Uruguay zu einer schweren Bankenkrise, bei welcher tausende Bürger ihre Einlagen verloren. Auch die Realwirtschaft litt, es kam zu einer Rezession und die Einkommen sanken. Aufgrund des Verfalls der Landeswährung stiegen die Importpreise und Benzin wurde rasch teurer. Manche konnten sich das

Autofahren nicht mehr leisten und so verdreifachte sich der Radverkehrsanteil in kurzer Zeit von 4% auf 12%, ein Rekordwert in Südamerika. Nach der wirtschaftlichen Erholung fiel der Radverkehrsanteil nach Schätzung des uruguayanischen Radverkehrsaktivisten Ernesto Camacho wieder auf 5%, was aber nach Brasilien immer noch der höchste Anteil in Südamerika ist. Zum relativ hohen Radverkehrsanteil in Uruguay trägt die Tatsache bei, dass das Land relativ flach ist, dass es ein subtropisches Klima mit nicht zu heißen Sommern hat und dass Megastädte mit vom Fahrrad nicht mehr zu bewältigenden Entfernungen fehlen. Auch gibt es in der Hauptstadt keine U-Bahn als konkurrenzierendes Verkehrsmittel. Die Radverkehrsinfrastruktur ist im Land allerdings nicht besonders gut ausgebaut. In Montevideo gibt es nur 4 Radwege mit einer Länge von insgesamt 10 km. Dies will man jedoch ändern und als Berater sind auch deutsche Radverkehrsexperten im Land aktiv. Das örtliche Goethe-Institut spielt eine aktive Rolle in diesem Wissenstransfer.

San Rafael

Argentiniens Hauptstadt Buenos Aires ist flach und relativ kompakt und hat einen für südamerikanische Metropolen respektablen Radverkehrsanteil von 3-4%. Es gibt Pläne, in der Stadt ein Fahrradverleihsystem einzurichten und das bisher bescheidene Radwegenetz auszubauen.
Kleinere argentinische Städte haben noch deutlich höhere Radverkehrsanteile. Als Radfahrerstadt gilt etwa San Rafael in der Weinprovinz Mendoza. Dort sind im Stadtgebiet besonders viele Frauen auf dem Rad unterwegs.

Santiago und der Vergleich

Als eines der am besten entwickelten Länder Lateinamerikas gilt das wirtschaftlich prosperierende Chile. In diesem Trendsetterland macht in den letzten Jahren auch die Entwicklung des Radverkehrs Fortschritte. Der Nationalpoet Pablo Neruda schrieb übrigens bereits in den 1950er Jahren eine *Ode an die Fahrräder*. In Santiago ist der Radverkehr in den letzten Jahren deutlich gestiegen, mittlerweile gibt es ein Radwegenetz von fast 100 km und ein jährliches Fahrradfest. Ein Kennzeichen des gestiegenen Fahrradbewußtseins ist die Tatsache, dass es in Santiago einen Verein gibt, der sich ‚Zentrum für Fahrradkultur' nennt. Dieser wehrt sich auch gegen die Versuche von Mopedherstellern, auf den Fahrradtrend aufzuspringen und mit dem Leichtmotor Mosquito versehene Fahrräder zu verkaufen. *Ein Fahrrad mit Motor ist ein Motorroad und kein Fahrrad*, ist die Parole der Fahrradaktivisten.

Am 17. März 2009 wurde in der chilenischen Hauptstadt Santiago ein Test durchgeführt, bei dem eine festgelegte 6.7 km lange Strecke in der Stadt in der morgendlichen Hauptverkehrszeit mit 5 verschiedenen Verkehrsmitteln zurückgelegt werden musste. Mit dem Bus benötigte man 1 Stunde und 51 Sekunden, das Auto benötigte 37 Minuten und 21 Sekunden, mit der Metro dauerte es 35 Minuten 46 Sekunden. Überraschend gewann das Fahrrad den Vergleich: der Radfahrer kam in 23 Minuten ans Ziel.

Bicicleta Verde

Der Amerikaner Peter Murphy Lewis radelte durch 23 lateinamerikanische Länder, bevor er sich in Santiago de Chile niederließ. Dort fand er eine Stelle als Dozent im Bereich Internationale Beziehungen an der Universität von Chile. Doch seine Liebe zum Fahrrad ließ ihn im August 2008 ein zweites Standbein entwickeln, er gründete *La Bicicleta Verde*, Stadtführungen durch Santiago auf dem Sattel eines Fahrrades. Mittlerweile beschäftigt Lewis bereits 10 Fahrradstadtführer und bietet auch nächtliche Touren per Drahtesel an.

5.11 Afrika

Afrika ist der Kontinent der Fußgänger, da viele selbst für ein Fahrrad zu arm sind. Selbst in afrikanischen Großstädten werden 60-80% aller Wege zu Fuß zurückgelegt. Und wenn Afrikaner zu Geld kommen, ziehen sie motorisierte Verkehrsmittel vor. In den Städten steht neben öffentlichem Busverkehr (Schienenverkehrsmittel gibt es nur in wenigen Städten) informeller Verkehr mit Kleinbussen zur Verfügung, und neben PKW-Taxis teilweise sogar Motorradtaxis. Auch fehlt es an Fahrradwegen und der chaotische Straßenverkehr macht das Radfahren teilweise gefährlich. Der Radverkehrsanteil in den Großstädten liegt deshalb meist nur bei 1-2%, in manchen Städten wie Addis Abeba noch darunter. Doch im ländlichen Raum ist das Fahrrad in vielen afrikanischen Ländern durchaus ein wichtiges Verkehrsmittel, sogar im Güterverkehr. In kleineren Städten werden oft Radverkehrsanteile von über 10% erreicht. Außerdem gibt es afrikanische Spezialitäten wie die in Ostafrika verbreiteten Fahrradtaxis oder Holzfahrräder für den Transport von Gütern. Um die Rolle des Fahrrades als Transportmittel zu unterstützen, wurden in den letzten Jahrzehnten mit Ländern wie etwa Uganda Projekte entwickelt, gebrauchte Fahrräder aus Industrieländern der Bevölkerung dort unentgeltlich zu überlassen. Für Ruanda wurde sogar ein eigenes Kaffeefahrrad entwickelt, um den Transport von Kaffeebohnen zu erleichtern. Doch Frauen sieht man eher selten auf dem Fahrrad, die dortige Kleidung und Tradition erschweren dies. Dabei liegt die Last der Güterbeschaffung und Verteilung oft bei den Frauen, in manchen afrikanischen Ländern findet immer noch viel Warentransport auf dem Kopf der Frauen statt.

Nordafrika - die radlose Region

Recht wenig Radfahrer gibt es in den meisten arabischen Ländern. Das gilt auch für Nordafrika. Es ist heiß, die Männer sind Autofans und zu bequem fürs Radfahren. Für die Frauen gilt Rad fahren in islamischen Ländern wiederum als eher unziemlich, in Saudi-Arabien ist es ihnen (wie das Autofahren) sogar verboten. Eine Ausnahme in Marokko ist die Fahrradstadt Marrakesch, wo junge Frauen und Männer auf dem Rad zu sehen sind.

Ouagadougou die Fahrradstadt

Auch in Afrika gibt es Fahrradgroßstädte. Als solche gelten Harare in Zimbabwe und Ouagadougou, die Hauptstadt von Burkina Faso. In Ouagadougou werden trotz der Sahelhitze 10% aller Wege mit dem Rad zurückgelegt. Allerdings stieg in der Stadt der Anteil der motorisierten Zweiräder in den letzten Jahren schnell an.

Nigerias Verkehrsminister

Dass die Afrikaner nicht immer dem Rad aufgeschlossen sind, musste auch der nigerianische Verkehrsminister Ojo Maduekwe realisieren, der nach der Jahrtausendwende versuchte, den Nigerianern das Radfahren schmackhaft zu machen. Maduekwe fuhr auch selbst in der Hauptstadt Abuja im Jahr 2001 mit dem Rad mehrmals zu Sitzungen. Beim ersten Mal wurde er allerdings von einem tropischen Regenschauer überrascht. Beim zweiten Mal wurde er von einem Bus in einen Graben gestoßen. Davon ließ er sich jedoch nicht abschrecken und meinte, jetzt würde er sich erst recht für den Bau von Radwegen einsetzen. Doch die nigerianische Bevölkerung konnte er nicht so recht überzeugen. In einer Umfrage lehnten 62% der Bevölkerung seine Radverkehrsinitiative ab. Etliche meinten, sie würde das Land zurück in die Steinzeit führen.

Die Boda-Bodas

Die ostafrikanischen Staaten Kenia und Uganda, einst britische Kolonien, wurden Anfang der 1960er Jahre unabhängig. Mit der Staatlichkeit nahm man es sehr genau und so wurden auch die Grenzübergänge penibel kontrolliert, obwohl sie teilweise Stammesgebiete durchtrennten. Zwischen dem ostugandischen Grenzposten Busia und dem kenianischen Grenzübergang klaffte jedoch eine Lücke von fast einem Kilometer Niemandsland. Da Motorfahrzeuge beim Grenzübergang einem Papierkrieg unterworfen waren, kamen schließlich ugandische Radfahrer auf die Idee, Personen per Fahrrad auf die andere Seite zu bringen. Da der Transport von Grenze zu Grenze erfolgte, bürgerte sich für diese Fahrradtaxis bald der Begriff *boda boda* ein (ostafrikanisch vereinfachte Aussprache von border-border). Die Idee verbreitete sich auch auf kenianischer Seite und angesichts hoher Jugendarbeitslosigkeit und relativ guter Einnahmen nahm die Zahl der Fahrradtaxis schnell zu. Heute sind in Uganda 200 000 Fahrradtaxis unterwegs, ebenso viele in Westkenia. Allein an den Grenzübergängen gibt es mehrere Tausend Fahrradtaxis. Um gleich zwei Passagiere transportieren zu können, wurde ein Fahrradtaxi mit verlängertem Sattel entwickelt. Dieses wird *Bigga boda* (bigger boda) genannt.

Während Fahrradtaxis vor allem in Ostafrika verbreitet sind, hat in Westafrika im letzten Jahrzehnt vor allem die Zahl der Motorradtaxis zugenommen. In Cotonou, der Hauptstadt des Benin, prägen in taxigelbe T-Shirts gekleidete Zeminjans genannte Motorradtaxifahrer das Straßenbild. Die Oberschicht ist dagegen weiterhin in von Chauffeuren gefahrenen Mercedeskarossen unterwegs.

Reiche werden in Ostafrika deshalb auch *Wabenzi* genannt (von Daimler Benz abgeleitet).

Merlin Matthews' *Re-Cycle*

Als Student an der London School of Economics hatte der Brite Merlin Matthew wegen seines Fahrradreparatur-Talents den Spitznamen `Dr Bike´. Freitagabends reparierte er für ein Bier die Fahrräder von Kommilitonen. Schließlich wurde er sogar um Rat gefragt, wie man in Haiti eine Fahrradfabrik aufmachen könnte. Er beschloss, alte britische Fahrräder zu sammeln und sie nach Haiti zu verschiffen. Doch da bereits Nordamerikaner in der Karibik tätig waren, konzentrierte er sich schließlich auf Afrika und gründete den Verein *Re-Cycle* (www.re-cycle.org). Re-Cycle hat mittlerweile bereits 26 000 gebrauchte Fahrräder nach Afrika geschickt. Für das Bürgerkriegsland Liberia gab es dabei 2004 sogar ein spezielles Programm, wonach Liberianern, die eine Waffe zurückgaben ein Fahrrad ausgehändigt wurde. Die britische Post trug mit 8000 gebrauchten Fahrrädern dazu bei und heute sind etliche rote Royal Mail-Fahrräder in Liberia im Einsatz.

Die Tshukudus im Ostkongo

Not macht erfinderisch. Das gilt auch für die ostkongolesische Provinz Nord-Kivu, die durch den Bürgerkrieg im benachbarten Ruanda in Mitleidenschaft gezogen wurde. Im Jahr 2002 zerstörten die Lavaströme des Nyirangongo-Vulkans zudem die Provinzhauptstadt Gomo. Doch da die Stadt Marktplatz ist und die Vulkanhänge sehr fruchtbar sind, werden viele Lebensmittel in die Stadt gebracht. Dies geschieht, mangels Alternativen, teilweise mit primitiven aber robusten Holztretrollern, den Tshukudus. Diese haben Vollholzreifen und eine Lenkstange aus Wurzelholz und auf ihrem zwei Meter langen Brett werden bis zu 600 kg transportiert. Angetrieben wird das Ganze von der Schwerkraft, denn den Vulkanhang hinunter besteht ein regelmäßiges Gefälle.

5.12 Asien

Asien hat den höchsten Radverkehrsanteil aller Kontinente (12%). Das liegt vor allem am hohen Radverkehrsanteil in China, wo ein Drittel der 4 Milliarden Asiaten lebt. Asien ist allerdings auch der einzige Kontinent, in welchem der Radverkehr in den letzten 2 Jahrzehnten deutlich zurückging, und der Grund ist ebenfalls China. Denn der Radverkehrsanteil in China sank von etwa einem Drittel aller Wege in den neunziger Jahren auf heute nur noch ein Fünftel, darunter immer mehr e-bikes. Ein ähnlicher Rückgang zeigte sich in Vietnam. In Ländern wie Japan und Indien blieb der Radverkehrsanteil dagegen mit gut 10% etwa stabil. Für Asien ergibt sich durch diese Zahlen ein geschätzter Radverkehrsanteil von 17% in den frühen neunziger Jahren und 12% heute. Es ist zu hoffen, dass sich der Radverkehr in China auf dem Niveau von Japan (14%) stabilisiert. Wie in Europa zeichnet sich in Ostasien ein Nord-Süd-Gefälle des Radverkehrs ab. Hohe Werte in Japan und Nordchina, niedrige Werte in Südostasien. Wie in Südeuropa ist auch in Südostasien der Anteil des motorisierten Zweiradverkehrs sehr hoch. In Vietnam und teilweise auch in Taiwan dominieren Motorroller das Straßenbild. Die Zahl der motorisierten Zweiräder wächst auch in Indien und anderen Ländern sehr stark. Zum Teil weisen diese Fahrzeuge sogar höhere Besetzungsgrade als PKW in Europa auf.

Die Weltbank und die chinesischen Fahrräder

Die in Washington sitzende Weltbank, die heute stärker auf nachhaltige Entwicklung setzt, galt in ihrer Verkehrspolitik lange als Auto-orientiert. Ein Beispiel dafür ist China. Dort gab es im Jahr 1985 über 300 Millionen Fahrräder, kein anderes Verkehrsmittel hatte einen so hohen Anteil am Personenverkehr. Doch in einem 400

Seiten langen Bericht zum Verkehr, den die Weltbank 1985 erstellte, kommt das Wort Fahrrad nicht ein einziges Mal vor.

Die Fahrradstadt Tianjin

Noch Anfang der neunziger Jahre hatte Tianjin (Tientsin) den höchsten Radverkehrsanteil weltweit. Etwa 70% aller Fahrten wurden hier mit dem Fahrrad durchgeführt. Tianjin ist das chinesische Fahrradproduktionszentrum, die Stadt ist flach und kompakt und die Fahrradinfrastruktur gut und der Schienennahverkehr weniger entwickelt als in Beijing oder Shanghai. Doch auch in Tianjin ist der Radverkehr durch die schnelle Motorisierung in den letzten Jahren zurückgegangen.

Japans Fahrradstadt Kioto

In Japan wird relativ viel Rad gefahren. Vor allem in den eng bebauten Wohnvierteln und im Zubringerverkehr zu den Bahnhöfen. Eine ausgeprägte Fahrradhauptstadt gibt es dagegen nicht. Am ehesten wird Kioto als solche gesehen. In dieser historischen Stadt ist der Verkehr weniger hektisch als anderswo, die Entfernungen in der kompakten Stadt sind relativ gering und das Radwegnetz ist gut ausgebaut.

Sangju - Südkoreas Fahrradstadt

Als Fahrradhauptstadt Südkoreas gilt das am Fluss Nagdong im Binnenland gelegene Sangju. An der Zufahrtstraße in die Stadt begrüßt ein großes Fahrradmonument Besucher, jedes Jahr wird ein Fahrradfestival abgehalten und Sangju verfügt auch über ein Fahrradmuseum. Populärstes Ausstellungsobjekt ist ein hölzernes Drais-Laufrad aus dem Jahr 1818. Partnerstadt von Sangju ist übrigens die amerikanische Fahrradstadt Davis. In Sangju kommen auf 120 000 Einwohner 85 000 Fahrräder, im

Durchschnitt besitzt jeder Haushalt der Stadt zwei Fahrräder. 14 000 Schüler und zahlreiche Erwachsene sind hier jeden Tag mit dem Rad unterwegs.

Vietnam - vom Fahrradland zum Motorrollerland
Noch in den 1980er Jahren war Vietnam weltweit das Land mit dem höchsten Radfahreranteil. In den Städten hatten Radfahrer an den Fortbewegungen mit Verkehrsmitteln teilweise einen Anteil von fast 80%. Im Land insgesamt lag der Fahrradanteil an allen Fahrten um die 40%. Doch in den neunziger Jahren waren mit steigendem Wohlstand in den Städten bereits die Hälfte der Radfahrer auf Motorroller und Mopeds umgestiegen. Mittlerweile dominieren in den Großstädten klar die Motorroller, die sich in unglaublicher Zahl und Verkehrsdichte durch die Straßen bewegen. Von den Radfahrern ist in den großen Städten nur noch wenig zu sehen, auf dem Lande sind sie jedoch immer noch zahlreich unterwegs.

Taiwan - vom Motorrollerland zum Fahrradland?
Taiwan ist ein wichtiges Fahrradproduktionsland, hier sitzen bedeutende Radhersteller wie Giant und Merida (die allerdings ihre Produktion immer mehr aufs chinesische Festland verlagern) und in Taipei findet jedes Jahr im Frühjahr die wichtigste Radmesse weltweit statt. Doch Rad gefahren wurde in Taiwan lange nur wenig. In den 1970er und 80er Jahren explodierte die Zahl der Motorroller auf der Insel, Taiwan hatte die höchste Kraftraddichte weltweit. In den 1990er Jahren stagnierte dann die Zahl der motorisierten Zweiräder, weil viele auf den PKW umstiegen. In den letzten Jahren wurden jedoch in den größeren Städten etliche Radwege angelegt und es gibt Pläne, diese jedes Jahr um 50 km zu erweitern. Das (Freizeit-) Radfahren hat deutlich zugenommen (der Radverkehrsanteil heute allerdings erst 1-2%). Die Hauptstadt

Taipei hat mittlerweile sogar ein eigenes Critical Mass-Event, *Bikesmiling*, welches einmal im Monat (sonntags) stattfindet. Dass Radtouren in Taiwan immer populärer werden, zeigte sich auch am Beispiel des Aufsichtsratsvorsitzenden von Giant Bicycles King Liu. Im Jahr 2007 umradelte er in 17 Tagen Taiwan (927 km), und immer mehr Landsleute tun es ihm nach.

Malé und sein Fahrradanteil

Malé, die Hauptstadt der Malediven, hatte lange, wie andere kleine, dicht besiedelte Inseln, einen hohen Radverkehrsanteil. Die Stadt liegt auf einer dicht bebauten Insel und hier sind die Entfernungen (max. 1.5 km) so kurz, dass es sich kaum lohnt, ins Auto zu steigen.

In den letzten Jahren wurden jedoch Fahrräder zunehmend von motorisierten Zweirädern verdrängt.

Afghanistan als Fahrradland

Afghanistan kann als das islamisch geprägte Land mit dem höchsten Radverkehrsanteil gelten. Die Bevölkerung ist arm, Billigfahrräder aus China und Indien werden importiert und das trockene Hochlandklima begünstigt das Radfahren eher als das tropisch schwüle Klima in Südostasien. Allerdings sieht man nur Männer auf dem Rad, Rad fahrende Frauen sind in Afghanistan noch heute undenkbar. Das könnte sich langfristig jedoch zumindest in der Hauptstadt ändern, denn gespendete Fahrräder stoßen bei den sportbegeisterten männlichen und weiblichen Jugendlichen auf großen Zuspruch. Leider wird das Fahrrad auch für Bombenanschläge genutzt. Was in anderen Ländern Autobomben sind, sind in Afghanistan allzu oft Fahrradbomben.

5.13 Ozeanien

Seit 1990 besteht in Australien und seit 1994 in Neuseeland Helmpflicht für alle Radfahrer und manche Radfahrer meinen, dies würde zum eher mäßigen Radverkehrsanteil (etwa 1%) in diesen Ländern beitragen. Bemerkenswert ist zudem der niedrige Frauenanteil an den Radfahrern (Australien: 20%). Verkehrserhebungen zeigen für Neuseeland, dass der Anteil der Grundschüler, die mit dem Fahrrad zur Schule kommen von 1989/90 bis 2003/6 von 20% auf 10% gefallen ist, während in der Sekundarstufe in derselben Zeit der Anteil von 30% auf nur noch 5% schrumpfte. In der Gesamtbevölkerung fiel die durchschnittlich pro Person und Tag zurückgelegte Distanz übrigens im selben Zeitraum von 2.4 km auf 1.2 km, nur 2.5% der Bevölkerung fährt mit dem Fahrrad zur Arbeit. In den letzten Jahren ist zumindest in den Großstädten Neuseelands jedoch wieder ein Anstieg des Radverkehrs zu beobachten. In den Großstädten Australiens nahm die Zahl der Fahrradpendler zwischen 2001 und 2006 von 42 000 auf 54 000 zu (+ 28.9%). 2007 wurde in Auckland die erste Fahrradstation Neuseelands, im Juli 2008 in Brisbane die erste Australiens eröffnet.

Perth

Perth gilt als die Fahrradstadt Australiens mit dem längsten Radwegnetz des Landes (175 km Radwege auf eigener Trasse, 277 km an Autostraßen). Der Radverkehrsanteil betrug 2003 allerdings nur 2%. In der Innenstadt gibt es zahlreiche Fahrradstellplätze und an den Vorortbahnhöfen insgesamt 450 verschließbare Fahrradboxen. In Perth wird im Rahmen der Kampagne *Cycle Instead* jedes Jahr eine Fahrradwoche veranstaltet. Außerdem findet es jedes Jahr im September/Oktober die Aktion *Bike to Work Challenge* statt, die Pendler ermutigt, während eines Zeitraums von 6 Wochen Teams zu bilden, die mit dem Fahrrad zur Arbeit zu fahren. Im Jahr 2008 nahmen 1783 Pendler in 250 Teams daran teil. Davon waren 801 Teilnehmer zum ersten Mal zur Arbeit geradelt.

Christchurch

Christchurch ist keine Fahrradstadt wie Groningen oder Münster, gilt aber in Neuseeland als überdurchschnittlich fahrradfreundlich. Im relativ flachen Christchurch gibt es etliche Radwege und an einer Kreuzung in der Stadt haben Fahrräder sogar Vorfahrt. Der Kreuzungsbereich ist erhöht, so dass die Sichtbarkeit der Radfahrer gewährleistet ist. Außerdem gibt es in der Stadt Radwege, die nur an einer Straßenseite angeordnet sind, aber explizit Radverkehr in beide Richtungen erlauben.

Auckland's *Bike Central*

Im Zeitraum 1999-2003 wurde in Auckland, mit 420 000 Einwohnern größte Stadt Neuseelands, die intermodale Verkehrsstation *Britomart* eingerichtet, die Bahnen, Busse und Fähren verknüpft. An den Radverkehr hatte man jedoch nicht gedacht. Der passionierte Radsportler Paul Sumich, der auch als Fahrradkurier tätig war, wollte sich damit nicht abfinden, denn immer wieder wurde er von Fahrradpendlern gefragt, wo man denn im Zentrum der Stadt sein Fahrrad sicher abstellen könnte. Allein zwischen 2005 und 2007 stieg die Zahl der Fahrradpendler in der Innenstadt Aucklands um 15%. So beschloss er, an diesem Verkehrsknotenpunkt in Eigeninitiative ein Fahrraddienstleistungszentrum einzurichten. Ende 2007 eröffnete er *Bikecentral* (siehe www.bikecentral.co.nz), wo man gegen Gebühr Fahrräder mieten, sicher abstellen und sogar reparieren lassen kann. Außerdem stehen Duschen, Handtücher und Schließfächer zur Verfügung und frühstücken kann man in dieser Fahrradstation auch.

6. Fahrradwege

Der erste Radweg

Der erste Radweg Deutschlands wurde 1898 in Hannover angelegt, war 2.5 km lang und führte vom Zoologischen Garten zum Pferdeturm, einem spätmittelalterlichen Wartturm (Beobachtungsturm), der seinen Namen erhielt, weil die Stadt hier einst einen Pferdestall errichten ließ. Von einem ADFC-Forscher wird hingegen Bremen (Sitz des ADFC) als deutsche Stadt mit dem ersten Radweg (im Jahr 1897) gesehen.

Die erste Radfahrerkarte

Als erster Radreiseführer mit der ersten Radfahrkarte gilt George W. Blums `Cyclers guide and road book of California´ mit der `Map of California Roads for Cyclers´, das 1896 veröffentlicht wurde. Das Buch enthielt Beschreibungen verschiedener Radtouren in diesem Bundesstaat und für Radfahrer geeignete Straßen waren in der Karte rot markiert. Wege nur für Radfahrer gab es damals eigentlich noch nicht, aber da Autos noch kaum verbreitet waren und die Eisenbahn die Kutschen auf längeren Strecken verdrängt hatte, war genug Platz für Radfahrer. Straßenwirtschaften, die früher die Kutschenfahrgäste bedient hatten und seit der Eisenbahn an Kundenmangel litten, begannen sich auf Radfahrer als neue Klientel einzustellen und räumten diesen Ermäßigungen ein.

In Großbritannien ist das Wetter weniger gut als in Kalifornien. Hier wurde deshalb 1899 vom Verlag George Philip & Sons die `Philips Waterproof Map for Cyclists´ herausgegeben. Diese war also, dem britischen Wetter entsprechend, Wasser abweisend.

Der Radwegpionier

Als Pionier des deutschen Radwegebaus gilt der Magdeburger Stadtbaurat Dr. Henneking, der bereits 1926 eine Schrift veröffentlichte *„Der Radverkehr. Seine volkswirtschaftliche Bedeutung und die Anlage von Radfahrwegen."* Damals setzte er den Operationsradius des Radverkehrs optimistisch mit 20 km an.

Die Fahrradautobahn

Als bekanntester Fahrradweg Deutschlands gilt die Promenade in der Fahrradhauptstadt Münster. Dieser Grüngürtel am ehemaligen Stadtmauerring um die Innenstadt weist neben schattigen Spazierwegen in seiner Mitte einen breiten, gut genutzten Radweg auf, der auf Abschnitten durch Unterführungen kreuzungsfrei ist und wegen seines Ausbaustandards den Beinamen *Fahrradautobahn* trägt.

Katar - der klimatisierte Radweg

In den arabischen Ländern wird nur wenig Fahrrad gefahren. Teilweise liegt es an der Kultur, teilweise an den hohen Temperaturen. Im Golfstaat Katar (Qatar) ist jedoch ein überdachter Radweg geplant (eine baldige Verwirklichung scheint jedoch unwahrscheinlich), bei dem mit Solarenergie Wasserdampf erzeugt wird, der die Radfahrer kühlen soll. Der Radweg an der Küste soll 35 km lang werden, die Breite 5-7 Meter betragen. Die Kosten dieses Radwegs liegen weit höher, als die konventioneller Fahrradwege. Dennoch ist der Radweg preiswerter als eine Autostraße, wobei die Kosten in den Golfstaaten ohnehin nur eine untergeordnete Rolle spielen.

Der unterirdische Radweg

Auf einer Mountainbikestrecke in Sondershausen in Thüringen betragen dagegen trotz fehlender Klimatisierung die Temperaturen tagaus, tagein etwa 27 C, auch regnet es hier nie. Die Strecke liegt nämlich in einem Kalisalzbergwerk, dem Erlebnisbergwerk Sondershausen. Hier finden unterirdische Mountainbikerennen statt, aber auch geführte Radtouren mit Helm werden angeboten. Laufveranstaltungen gibt es ebenfalls.

Bodø - der überdachte Radweg
Der norwegische Küstenort Bodø, Endstation der Nordlandbahn, plant einen 8 km langen überdachten Radweg. Grund dafür ist das feuchtkalte Klima mit häufigen Regenschauern. Als einige Straßenteile probeweise mit Kunststoffplatten überdacht wurden, kam dies so gut an, dass die Gemeinde nun eine größere überdachte Strecke plant. Billig ist dies allerdings nicht, es wird mit Kosten von fast 2000 Euro pro Meter gerechnet. Gedacht ist dabei an eine 8 km lange Strecke von der Innenstadt zur Universität. Mit dem Bau war allerdings auch Anfang 2010 noch nicht begonnen worden.

Die Wuppertalbewegung
Wuppertal hat eine sehr bewegte Topographie und deshalb ist hier der Radverkehrsanteil gering. Entsprechend begrenzt ist das Angebot an Fahrradwegen. Doch in Wuppertal führt auch eine 1991 stillgelegte und mittlerweile überwachsene Bahnstrecke durch die Stadt. Das brachte Bürger auf die Idee, die am Hang verlaufende, durch Tunnel und Viadukte ebene und kreuzungsfreie Strecke für den nicht-motorisierten Verkehr zu nutzen. So wurde im Februar 2006 der Verein *die Wuppertalbewegung* gegründet, mit dem Ziel, die stillgelegte Bahnstrecke in einen 6 m breiten Fuß-, Rad-, und Inlineskateweg zu verwandeln. Die 20 km lange Strecke wurde durch den Verein bereits von Bewuchs befreit und in den letzten Jahren mit großem Erfolg in Betrieb genommen.

Der populärste Fernradweg

Der Donauradwegabschnitt von Passau nach Wien gilt als beliebtester Fernradweg Europas. 300 000 Radfahrer sind hier jedes Jahr unterwegs, also fast 1000 pro Tag, im Sommer auch mehr. Jeder fünfte bewältigt die ganze Strecke Passau - Wien. Der Donauradweg wurde bereits Anfang der 80er Jahre angelegt und war damit einer der ersten Fernradwege Europas. Als Vater des Radwegs gilt der damalige Geschäftsführer des Mühlviertler Fremdenverkehrsamtes Manfred Traunmüller. Hierbei konnten weitgehend dicht am Fluss verlaufende Treidelpfade genutzt werden, was dem Radweg Attraktivität verleiht. Innerhalb Deutschlands ist der Weserradweg mit 150 000 Nutzern pro Jahr der populärste Fernradweg.

Der Elberadweg und die Fahrradkirche

Auch der Elberadweg ist in Deutschland sehr populär. Im Jahr 2001 saß der Pfarrer Tobias Krüger (*1963) mit einer Gruppe im Landgasthaus „Zur Elbaue" in Weßnig (Sachsen) beisammen. Plötzlich sagte jemand aus der Gruppe zu Krüger: „Deine Kirche steht direkt am Elberadweg, mach´ doch eine Kirche für Radfahrer draus".
Krüger fand die Idee nicht schlecht, denn die Kirche musste ohnehin saniert werden und das Gotteshaus litt an Besuchermangel. In Reinhardsbronn am Rande des Thüringer Waldes gab es bereits 2001 eine Radfahrerkapelle, aber eine Radfahrerkirche war ein Novum. Wen er auch anrief, unterstützte dieses Projekt. Der Umweltpfarrer der Kirchenprovinz Sachsen, Hans-Peter Genischen, steuerte die Idee einer Dauerausstellung bei. In den Boden sollten Leuchtkästen eingelassen werden mit einer Dauerausstellung „Chancen der Langsamkeit". Der Berliner Landschaftsarchitekt Jürgen Kleeberg entwickelte schließlich einen Plan für die Umgestaltung des Kirchhofes. Der Umfang aller Maßnahmen hatte schließlich ein Volumen

von 350 000 Euro und dieses Geld konnte nur langsam aufgetrieben werden. Dennoch wurde bereits im Jahr 2003 Tobias Krügers Radfahrerkirche in Weßnig bei Torgau eröffnet. Im April 2004 eröffnete dann eine weitere Radfahrerkirche am Elberadweg in der Sächsischen Schweiz, einen Monat später kam eine weitere in Eberstedt in Thüringen dazu. Mittlerweile gibt es in Deutschland 10 Radfahrerkirchen und 2 Radfahrerkapellen, meist unweit von Radwegen gelegen. Die bereits eröffneten sind alles evangelische Kirchen, eine katholische Radfahrerkirche gibt es noch nicht.

Die Todesstraße als Fahrradweg

In Bolivien gibt es eine nicht durch Leitplanken gesicherte, steile Abhänge entlangführende Straße, die Yungas Road, die so gefährlich ist, dass sie den Beinamen „Camino de la Muerte" (Todesstraße) hat. Sie wurde einst von paraguayischen Kriegsgefangenen erbaut und stellt eine wichtige Verbindung zwischen La Paz und dem Tiefland dar. Etliche Laster, Autobusse und PKW sind bereits den Abhang hinuntergestürzt und über tausend Menschen sollen bereits den Tod gefunden haben, deshalb gilt die Straße als die gefährlichste der Welt. Seltsamerweise hat sie wegen ihrer Gefährlichkeit immer auch viele abenteuerlustige Radfahrer angezogen.

Seit Februar 2007 ist die Todesstraße sogar nur noch für Mountainbike-Touren freigegeben. Der motorisierte Verkehr muss eine neue Umgehungsstraße nutzen. Da die Ausweichroute deutlich länger ist und Maut kostet, befahren einheimische Bus- und LKW-Fahrer illegalerweise jedoch weiterhin die Straße, der doppelte Nervenkitzel für Mountainbikefahrer bleibt also.

7. Fahrradinfrastruktur

Der Fahrradlift von Trondheim

In der norwegischen Studentenstadt gibt es ein spezielles Fahrradliftsystem, das als Trampe vermarktet wird (siehe http://www.trampe.no/). Dieser Lift besteht aus einer Fußstütze, die von einem im Boden verlaufenden Kabel gezogen wird. Über 220 000 Radfahrer haben diese Erfindung des Norwegers Jarle Wanvik seit 1993 bereits genutzt. Doch wider Erwarten konnte sie bisher noch nicht in andere Städte verkauft werden.

Die Einrichtung eines solchen Liftes wurde im Herbst 2008 für Brüssel angekündigt (am Mont des Arts/Kunstberg in der Innenstadt), jedoch bisher nicht verwirklicht.

Das Fahrradbarometer von Odense

In Odense gibt es in der Innenstadt eine automatische Fahrradzählanlage, die vorbeifahrende Fahrräder erfasst und die Ergebnisse der Zählung auf einer schwarzen Säule sichtbar macht. Mit dieser von der Stadtverwaltung als `Fahrradbarometer´ bezeichneten Einrichtung werden auch Daten zur Entwicklung des Fahrradverkehrs erhoben. Andere Städte in den nordeuropäischen Nachbarländern fanden die Idee gut und so stehen heute solche Zählanlagen in 10 skandinavischen Städten. Darunter ist auch die Fahrradstadt Malmö in Schweden (Radverkehrsanteil: 24%). Hier stellte man im Frühjahr 2006 ein Fahrradbarometer auf (heute gibt es dort bereits zwei), kombiniert mit einer Fahrradpumpstation. Zur Überraschung der Stadt wurde bereits nach 6 Monaten der millionste am Barometer vorbeifahrende Radfahrer gezählt und entsprechend gefeiert (über 5000 Radfahrer fahren somit täglich am Barometer vorbei). Es war ein an der Universität Malmö eingeschriebener französischer Student.

Im Juni 2006 baute Malmö dann ein zweites Fahrradbarometer auf.

☞ Im Mai 2006 installierte auch Bozen (Südtirol) eine Fahrradzählanlage. Nach 10 Tagen zeigte das Barometer, dass bereits 80 000 Fahrräder vorbeigefahren waren. Damit wurde der Tageswert von Malmö sogar noch um 50% übertroffen. Allerdings wurde der millionste Radfahrer in Bozen erst am 8. Februar 2007 erreicht. Dieser bekam von der Stadt zu seiner Überraschung ein Citybike. Bozen hat mit 23% erstaunlicherweise den gleichen Radverkehrsanteil wie die Fahrradmusterstadt Odense.

Seit Oktober 2008 gibt es auch in Apeldoorn in den Niederlanden ein Fahrradbarometer.

Die Fahrradpumpanlage

Das dänische Odense ist eine der wenigen Städte mit einer öffentlichen Fahrradpumpstation in der Innenstadt. Im Frühjahr 2007 zog die westfälische Fahrradstadt Münster mit einer mit Solarenergie betriebenen öffentlichen Fahrradpumpstation nach. Die Technologie erwies sich jedoch zur Enttäuschung der Radfahrer als störanfällig. Im August 2008 wurde schließlich in der Innenstadt eine mit Strom aus dem Netz betriebene neue Luft-Tankstelle eingerichtet. Dieses für 6000 Euro erworbene dänische Fabrikat erwies sich bisher als zuverlässig.

☞ Mountainbikes sind übrigens meist mit dem 1891 vom Deutschamerikaner August Schrader für Fahrräder entwickelten heutigen Autoreifenventil ausgestattet und können somit auch an Tankstellen aufgepumpt werden.

Die Guidelights von Odense

Im Rahmen des Projekts Fahrradstadt Odense (cykelby Odense) 1999-2002 gab es eine weitere Neuerung, die in Odense selbst entwickelt wurde. So genannte *guidelights* (Führungslichter) am Fahrradweg. Dabei wurden 45

Standardlichter an einem Fahrradweg installiert. Die Schaltung der guidelights hängt mit der Ampelschaltung an der nächsten Kreuzung zusammen. Folgt der Radfahrer der durch die guidelights vorgegebenen Geschwindigkeit, hat er an der Kreuzung eine Grüne Welle. Die Stadt Odense sah diese eigene Erfindung als Weltsensation an, doch konnte sie sich international nicht durchsetzen.

Die Fahrradwaschanlage

Am Bahnhofsplatz in Göttingen gibt es seit 1997 nicht nur eine Fahrradstation, sondern auch eine Fahrradwaschanlage, in welcher das Rad für 5 € gewaschen werden kann. Gleichzeitig können andere Dienste, wie das Einfetten der Kette, in Anspruch genommen werden. Doch obwohl es auch in der großen Fahrradstation in Münster sowie in der Fahrradstation am Hauptbahnhof von Hannover eine Fahrradwaschanlage gibt, konnten sich diese insgesamt nur wenig verbreiten. Ein süddeutscher Hersteller mobiler Waschanlagen hat schließlich die Produktion mangels Absatz wieder eingestellt.
http://www.fahrrad-schnaeppchen.de/service/waschanlage.php.

Die Schüler und die mobile Waschanlage

Im Frühjahr 2009 entwickelten auf Anregung des technischen Lehrers Kurt Schöck Schüler der Stuttgarter Max Eyth-Schule eine preisgünstige und wassersparende mobile Fahrradwaschanlage. Dafür erhielten sie prompt den „Beo"-Preis für berufliche Schulen.

Der Marler Ampelgriff

Die unscheinbare, im Norden des Ruhrgebietes gelegene, fahrradfreundliche Stadt Marl hat in den letzten Jahren mit 2 Fahrradinnovationen auf sich aufmerksam gemacht. Im Jahr 2000 wurde hier der erste Haltegriff für Radfahrer an einer Ampel installiert. Dieser Handgriff aus gelbem

Polyamid erlaubt es Radfahrern, an der Ampel zu warten, ohne absteigen zu müssen. Die Idee dazu hatte der Marler Verkehrsplaner Jürgen Göttsche. Die Stadt war so stolz auf diese Innovation, dass sie im selben Jahr für eine Ausstellung den größten Haltegriff der Welt baute (2,4 m hoch), um damit ins Guinness Buch der Rekorde zu kommen (was auch gelang). Seither haben etliche Städte in Deutschland und Österreich, wie etwa Köln, Augsburg, Paderborn oder Salzburg, den Haltegriff übernommen.

☞ Die Stadt Marl begann vor ein paar Jahren, das auf Fahrradwegen aufgemalte Fahrradsymbol durch Abdecken der Querstange zum Damenrad zu machen. Seither wurden 50% der Fahrradsymbole als Herrenrad und die andere Hälfte als Damenrad angelegt. Die Presse berichtete über diesen innovativen Ansatz zur Gleichberechtigung - sogar in Japan fanden Medien Interesse an diesem Ansatz.

Die Fahrradseilbahn in Hessen

Im Mai 2009 wurde in Hessen die vermutlich weltweit erste Selbstbedienungs-Fahrradseilbahn eröffnet. Als es darum ging, den Radfernweg R1 zwischen den Gemeinden Malsfeld und Morschen auszubauen, machten die örtlichen Gegebenheiten eine Querung der Fulda notwendig. Eine Fähre oder der Bau einer Brücke kam jedoch aus Kostengründen nicht in Frage. Nach einer Lösung suchend, kam man auf Seilbahn mit Transportkorb, die 4 Personen und 2 Fahrräder aufnehmen kann. Über deren mechanischem Antriebssystem befördern sich die Nutzer unter Einsatz eigener Muskelkraft über eine Distanz von 50 m auf die andere Flussseite. Die Gesamtkosten des Projektes beliefen sich auf 134 000 Euro.

8. Fahrradparken

Bielefeld - die erste deutsche Fahrradstation

Bielefeld hat nicht unbedingt den Ruf einer Fahrradstadt. Doch war Bielefeld einst Sitz wichtiger Fahrradhersteller (darunter Dürkopp, mit 4000 Arbeitern die einst größte Fahrradfabrik Deutschlands) und hier wurde 1992 Deutschlands erste Radstation eröffnete, sie verfügt über 390 Stellplätze. Heute gibt es allein in NRW mehr als 50 Fahrradstationen mit insgesamt über 17 000 Stellplätzen. Nur die Niederlande haben mehr (etwa 100 Radstationen).

Münsters große Fahrradstation

Münster gilt als Fahrradhauptstadt Deutschlands und hat Deutschlands größte Fahrradstation (3300 Stellplätze, eine der größten Radstationen weltweit). Diese Fahrradstation nützt übrigens in ihrem Untergeschoß eine ehemalige unpopuläre Fußgängerunterführung. Beim Bau der Radstation war die 1894 gegründete Münsteraner Firma *Josta Metallbau* involviert, heute ein wichtiger internationaler Hersteller im Bereich von Fahrradparksystemen. Vor dem Bau der Radstation fand sich vor dem Bahnhof ein regelrechtes `Fahrradmeer´. Wie sich der Bau der Fahrradstation auf die örtlichen Absätze des in Münster beheimateten bekannten Fahrradschlossherstellers *Trelock* ausgewirkt hat, ist nicht bekannt.

Darmstadt - die ersten Frauenfahrradparkplätze

In Darmstadt wurde 1999 am Bahnhof eine Fahrradstation eröffnet. Doch Anfangs blieb der Erfolg aus, die Abstellplätze waren nur zu einem Drittel ausgelastet und die Reparaturdienstleistungen wurden nicht genutzt. Da die Einnahmen die Kosten nicht deckten, wollte der Pächter deshalb Ende 2002 aufgeben. Bis 2004 ging es trotz städtischer Förderung weiter bergab, nur noch 25 Räder standen im Frühjahr 2004 im Durchschnitt im Parkhaus, welches zudem immer mehr verdreckte. Die Stadt, die das Parkhaus nicht aufgeben wollte, finanzierte die Personalkosten nun innerhalb eines Beschäftigungsprojektes und hatte Glück mit den Mitarbeitern. Denn mit viel Eigeninitiative gelang den beiden Parkhausbeschäftigten Martin Rau und Stefan Bader ein Turnaround und bis November 2004 war die Auslastung auf 80% gestiegen. Kostendeckend war das Fahrradparkhaus dennoch nicht. Um eine Förderung erhalten zu können, gründeten die beiden schließlich eine Firma, die von der Stadt ab 2005 per Werkvertrag mit etwa 40 000 Euro pro Jahr unterstützt wird. Die Auslastung der Fahrradstation stieg weiter und bald wird die Kapazität ausgeschöpft sein. Serviceleistungen, Videoüberwachung der Anlage und direkter Zugang zu den Bahnsteigen erhöhten Sicherheit und Attraktivität der Anlage. Das Darmstädter Fahrradparkhaus ist zudem das erste, in welchem es Frauenfahrradparkplätze gab, das heißt für Frauen reservierte Stellplätze beim Eingang der Station. Ein 2006 eröffnetes Fahrradparkhaus in Augsburg hat diese Idee mittlerweile übernommen.

Die Fahrradstation in der Fabrik

Chemiewerke haben oft eine Ausdehnung von mehreren Quadratkilometern. Kein Wunder, dass Chemiefirmen ihren Mitarbeitern Werksräder zur Verfügung stellen. Beim Bayer-Werk in Leverkusen sind es 6700 Werksräder, bei BASF in Ludwigshafen werden den Mitarbeitern sogar 13 500 rote Werksräder zur Verfügung gestellt (der zweitgrößte Werksfahrradbestand nach der Deutschen Post die 25 000 Zweiräder einsetzt). Etliche nutzen diese Räder auch für die Fahrt zur Arbeit. Insgesamt radeln bei BASF jeden Tag 4000 Mitarbeiter durch die Werkstore. Für die Fahrräder steht auch eine eigene Fahrradstation im Werk zur Verfügung. Diese ist mit 1500 Plätzen die zweitgrößte Fahrradstation Deutschlands.

Das bikey-System

In Deutschland gibt es etwa 2000 abschließbare Fahrradboxen an Bahnhöfen. Diese wurden seit den 90er Jahren errichtet und sind meist gut ausgelastet, allerdings haben sie den Nachteil, dass sie für längere Zeit gemietet werden müssen. Eine Anlage in Grevenbroich, nach dem VRR-Konzept "bikey" erbaut, erlaubt jedoch Kurzzeitmieten freier Boxen über eine elektronische Chipkarte.
http://www.vrr.de/de/global/presse/archiv/00297/index.html

Die Hamburger Fahrradhäuser

In Hamburg sind seit Ende der achtziger Jahre 350 Fahrradhäuser mit Platz für bis zu 12 Räder in Wohnvierteln aufgestellt worden. Diese Fahrradhäuser bieten sichere Abstellplätze für Bewohner, die über keinen eigenen gesicherten Stellplatz verfügen. Lange blieb dieses Modell ein Hamburger Unikum. Seit 2001 gibt es auch in Dortmund Fahrradhäuser. Bis Ende 2007 wurden acht der 6000 Euro teuren Häuser aufgestellt. Die Stadt zahlt dabei 4000 Euro, die Nutzer einmalig 150 Euro plus 20 Euro pro Jahr. Beim Wettbewerb „Best for Bike" erhielt dieses Projekt 2006 einen zweiten Preis.

Utrecht - die vielen Fahrradstellplätze

Das holländische Utrecht ist einer der Städte mit den weltweit meisten Fahrradparkplätzen am Bahnhof. In 4 bewachten Abstellplätzen gibt es insgesamt 6100 Abstellmöglichkeiten. Dazu kommen 3400 nicht bewachte Stellplätze. Doch das reicht nicht, denn insgesamt werden über 9000 Fahrräder unter freiem Himmel geparkt. Da der

Bahnhof von Utrecht das höchste Reisendenaufkommen Hollands hat und Utrecht eine Studentenstadt ist, soll mit dem Umbau des Bahnhofs zu einer Drehscheibe des öffentlichen Verkehrs die Stellplatzzahl nach Planungen auf 17 500 steigen. Im August 2019 wurde die weltgrößte Fahrradstation mit 12 500 Plätzen eingeweiht. Doch der örtliche Radfahrerverband hat ausgerechnet, dass dies angesichts der erwarteten Verkehrszunahme nicht reicht und fordert 30 000 Stellplätze.

Löwen und die Fahrräder

Die belgische Universitätsstadt Löwen (flämisch: Leuven) hat 90 000 Einwohner und über 30 000 Studenten. Viele Studenten pendeln täglich per Bahn ein und fahren mit dem Fahrrad weiter. In keiner anderen Stadt außerhalb Hollands sind mehr Fahrräder außerhalb einer Fahrradstation am Bahnhof abgestellt. Ein riesiger Fahrradparkplatz westlich des Bahnhofs hatte 3000 ausgelastete Stellplätze. Als er im Jahre 2006 einem Bürogebäude weichen musste, wurden die Besitzer der Fahrräder aufgefordert, ihre Räder zum neuen Stellplatz im Westen zu bringen. Eine solche Aktion scheint von Zeit zu Zeit notwendig, denn an Fahrradabstellplätzen werden aufgrund des jährlichen Kommen- und Gehens der Studenten, Vandalismus und Rost immer mehr Fahrräder herrenlos, bis eine Art Fahrradfriedhof entsteht. In Deutschland galt der Bahnhofsplatz der Studentenstadt Heidelberg lange als solcher. Andere belgische Städte mit einer großen Zahl von am Bahnhof geparkten Fahrrädern sind Gent (über 2500) und Brügge (ca. 1000). In Deutschland sind außerhalb von Fahrradstationen über 1000 Fahrräder auch an den Bahnhöfen von Göttingen und Münster geparkt. Ungefähr 1000 Fahrräder finden sich an den Bahnhöfen von Erlangen und Karlsruhe.

Amsterdam-Bike Island

Vor dem Hauptbahnhof von Amsterdam gibt es eine über dem Wasser gebaute vierstöckige Fahrradparkanlage, die Bike Island genannt wird. Hier finden bis zu 7500 Fahrräder Platz. In Amsterdam ist es wichtig, Fahrräder gut gesichert zu parken, denn aufgrund der Drogenszene gibt es eine erhebliche Beschaffungskleinkriminalität.

Das erste Fahrradparkhaus Nordamerikas

Der Kalifornier John H. Case startete im Jahr 1991 eine Initiative für die Einrichtung von Fahrradparkhäusern, wie es sie bereits in Japan und den Niederlanden gab, auch in seinem Wohnort Long Beach im Ballungsraum Los Angeles. 1996 trugen seine Bemühungen schließlich Früchte: in Long Beach wurde an einem zentralen Platz ein Fahrradparkhaus mit 80 Stellplätzen errichtet. In den folgenden Jahren kamen in Südkalifornien weitere Fahrradparkhäuser, die unter dem Namen *Bikestation* vermarktet werden, vor allem an Bahnhöfen, hinzu. Die größte, mit 150 Plätzen findet sich an der Caltrain Station von Palo Alto (Stanford University) im Silicon Valley. Auch in Seattle gibt es mittlerweile eine *Bikestation*, jedoch nicht am Bahnhof, sondern in der Innenstadt.

Das Fahrradparkhaus von Chicago

In der Region Chicago wurden einst 2/3 aller in den USA produzierten Fahrräder hergestellt. Der Bürgermeister von Chicago, Daley, ist ein begeisterter Radler und die Stadt hat das Ziel, den Fahrradanteil im Berufsverkehr bis 2015 auf 5% zu steigern. Kein Wunder, dass, als bike stations (Fahrradstationen) im letzten Jahrzehnt in den USA aufkamen, Chicago bald Ambitionen entwickelte, das größte Fahrradparkhaus Nordamerikas zu bauen. Im Jahr 2004 wurde es eröffnet: es findet sich im Chicagoer Millenium-

Park und bietet 300 bewachte Abstellplätze plus Serviceeinrichtungen.

Der Genfer Fahrradbaum

Der Schweizer Mediziner Christophe Bron ärgerte sich, als ihm der Sattel und das Vorderrad seines Fahrrades gestohlen wurden. So entwickelte er 1995 als sichere Parkmöglichkeit einen Fahrradbaum und gründete 1997 *bike-tree*. Beim solarbetriebenen `Bike tree´ wird das Fahrrad an einer Säule, die oben ein regenschirmartiges Dach aufweist, elektrisch auf diebstahlsichere 5 m Höhe befördert. Per Smartcard kann es wieder herunter geholt werden. 2001 wurde der erste Fahrradbaum in Genf aufgestellt. Heute gibt es ihn an 7 Stellen in der Stadt (www.biketree.com). Bestellt wurde dieser erste Fahrradbaum interessanterweise von der Schweizer Autofahrervereinigung *Touring Club Suisse*.

Der schwimmende Fahrradparkplatz

In der schwedischen Fahrradstadt Malmö sind am Bahnhof viele Zweiräder abgestellt. Weil immer mehr Schweden mit dem Zug zur Arbeit nach Kopenhagen fahren, nimmt deren Zahl sogar laufend zu. Aufgrund der beengten örtlichen Situation wurde 2007, weltweit einmalig, sogar ein schwimmender Fahrradparkplatz am Bahnhof dieser Hafenstadt eingerichtet.

Biceberge in Spanien

Eisberg ist ein aus dem Norwegischen stammendes Wort (Ijsberg), welches auch in romanischen Sprachen genutzt wird (allerdings in der Englischen Variante *Iceberg*), so im Französischen, Italienischen und Spanischen. Als der spanische Ingenieur Jaime Palacios ein Fahrradparksystem entwickelte, bei dem die Fahrräder oberirdisch in eine Box eingestellt werden, um dann automatisch in

einer unterirdischen Abstellanlage geparkt zu werden, dachte er wohl an einen Eisberg, von dem auch nur ein Zehntel über der Wasserlinie zu sehen ist. Er kombinierte deshalb das spanische Wort *Iceberg* mit dem Plural der verkürzten form von *bicicleta, bice* und nannte sein Produkt *Biceberg* (siehe www.biceberg.es).
Seit der Jahrtausendwende breiten sich die Biceberg-Anlagen in Nordspanien aus. Die gelben Biceberge, die bis zu 92 Fahrräder aufnehmen können, gibt es zum Beispiel in Barcelona, Huesca und Vitoria.
Das Biceberg-System findet mittlerweile auch in anderen Ländern Beachtung und so ist es nicht ausgeschlossen, dass sich Biceberge bald auch außerhalb Spaniens finden werden.

Japan - das Fahrradparkland

Fast die Hälfte aller Eisenbahnpassagiere weltweit steigen in Japan in einen Zug. Da PKW-Parkplätze kaum vorhanden sind, kommen viele Pendler allerdings nicht mit dem Auto zum Bahnhof, sondern nutzen vielmehr das Fahrrad, weshalb es an vielen japanischen Vorortbahnhöfen Fahrradparkhäuser gibt. 55 japanische Fahrradstationen weisen sogar über 2000 Plätze auf. 3 Millionen Fahrräder sind es insgesamt, die an japanischen Bahnhöfen abgestellt werden. Allerdings gibt es auch in Japan ein Problem mit herrenlosen Fahrrädern. Es herrscht eine gewisse Wegwerfmentalität und wenn Fahrräder nicht mehr neu sind, werden sie oft ihrem Schicksal überlassen, weshalb vielerorts `Fahrradfriedhöfe´ entstehen.
Im April 2008 wurde im Kansai Bahnhof von Tokio übrigens die größte Fahrradstation weltweit eröffnet. Dabei handelt es sich um eine automatische Anlage mit 18 unterirdischen Zylindern, die insgesamt 9400 Fahrräder aufnehmen können. Die Abgabe und Rücknahme eines Fahrrades dauert nur 30 Sekunden.

9. Fahrradverlust

Vitorio de Sicas Fahrraddiebe

Einer der berühmtesten Filme des italienischen Neorealismus ist Vittorio de Sicas (1901-1974) *Fahrraddiebe* (*Ladri di biciclette*) aus dem Jahr 1948. Der Tagelöhner Antonio Ricci findet endlich eine Arbeit als Plakatkleber und hofft so, seine kleine Familie ernähren zu können. Kaum hat Antonio die ersten Plakate geklebt, wird sein Fahrrad gestohlen. Verzweifelt zieht er durch ganz Rom, um sein Fahrrad, von dem seine Existenz abhängt, zu finden. Schließlich macht er den Dieb ausfindig. Dieser ist allerdings in einer ähnlichen Situation wie er und wird von seiner Umgebung beschützt. Unverrichteter Dinge zieht Antonio ab und in seiner Verzweiflung wird er schließlich vor den Augen seines Sohnes selbst zum Fahrraddieb und beim Diebstahl erwischt. Angesichts seiner Situation wird auch er laufengelassen.

Der Boxer und das Fahrrad

Als zwölfjähriger Junge nahm der spätere Boxer Cassius Clay (alias Muhammad Ali) 1954 am jährlichen Treffen des Louisville Service Clubs teil. Er war mit seinem Freund auf einem weiß-roten Fahrrad der Marke Schwinn dorthin geradelt. Als sie das Auditorium nach dem Genuss von Gratis-Popcorn und Eiscreme verließen, stellten sie fest, dass ihre Räder geklaut worden waren. Mit Tränen im Gesicht wurde Clay zum Polizisten Joe Martin geführt, der sich im Boxring im Keller des Auditoriums aufhielt. Cassius meinte, nach den Dieben sollte im ganzen Bundesstaat gesucht werden und wenn man sie fände, würde er sie eigenhändig verprügeln. Darauf fragte der Polizist „Weißt du überhaupt, wie man boxt". Clay antwortete mit nein. Darauf Joe Martin: „Du solltest es lieber lernen, bevor du dich auf eine Prügelei einlässt". Gesagt getan, von diesem Moment an widmete Cassius Clay seine ganze Teenagerzeit, Boxen zu lernen. Der Rest ist Geschichte.

Das Fahrradgewicht

Bei amerikanischen Fahrradhändlern kursiert die Gesetzmäßigkeit (sie wird auch als `Bicycle law´ unter *Murphy´s Laws* geführt), dass das Gesamtgewicht eines Fahrrades immer 50 Pfund beträgt. Ein 30-Pfund-Fahrrad (also ein teures Leichtfahrrad) benötigt 20 Pfund an Schlössern und Ketten, ein 40-Pfund-Fahrrad 10 Pfund schwere Schlösser/Ketten, während ein (unattraktives) 50-Pfund-Fahrrad gar nicht abgeschlossen werden muss. Auch weil manche Fahrräder immer wertvoller werden, ist in den letzten Jahren der Aufwand gestiegen, die Aufbewahrung von Fahrrädern sicherer zu machen.

Die Eisspray-Ente

Es kursiert immer wieder das Gerücht, selbst hochwertige Bügelschlösser könnten in Sekundenschnelle mit einer Eisspray-Attacke geknackt werden. Der ADFC weist dies jedoch als Ente zurück. Nach ABUS-Entwicklungschef Thomas Becker bräuchte es allein 3 Spraydosen, um ein Schloss auf minus 20 Grad zu kühlen. Dann wiederum sind dicke Handschuhe nötig, um mit dem Schloss hantieren zu können und da die Temperatur im Kern des Bügels noch nicht bei 20 Grad Celsius minus liegt ist der Stahl immer noch zu stabil, ihn knacken zu können. Erst wenn der Kern minus 20 Grad Celsius erreicht hat, reicht ein Hammerschlag, um den Bügel zu sprengen. Doch ein Dieb wird kaum so viel Zeit mitbringen.

Der Fahrradbaum von Vashon Island

Ob es ein Dieb war, ein Scherzbold oder etwas anderes, auf jeden Fall hatte jemand vor etlichen Jahren auf der Vashon Insel im Bundesstaat Washington im Nordwesten der USA ein Kinderfahrrad an einem Baum aufgehängt. Mit den Jahren wuchs der Baum um das Fahrrad herum, bis dieses völlig im Baum eingewachsen war. So wurde es als `Bicycle eaten by a tree´ zu einer kleinen Sehenswürdigkeit, auch deshalb, weil dieser Baum Berkeley Breatheads Buch `*Red Ranger came calling*´ inspirierte. Vom Fahrrad war allerdings bis 2005 nur noch das Hinterrad und ein Teil der Lenkstangenachse zu sehen. Im Herbst 2006 hat dann ein Freund des Buchautors das Fahrrad wieder vervollständigt, so dass Vorder- und Hinterteil wieder in Gänze aus dem Baum hervorlugen.

Das Amsterdamer Fahrradboot

50 000 Fahrräder werden in Amsterdam pro Jahr gestohlen (Niederlande insgesamt: 750 000). 30% der Diebstähle hängen mit Beschaffungskriminalität von Drogensüchtigen zusammen. Die Sleutelbrücke, auch *Junkie bridge* genannt, ist dabei ein wichtiger Umschlagsplatz gestohlener Fahrräder und wird deshalb zunehmend von der Polizei kontrolliert. Mehrere Tausend unverkäuflicher Räder enden jedes Jahr in den zahlreichen Kanälen der Stadt. Deshalb gibt es in der Stadt sogar ein eigenes Fahrradboot, das spezielle Greifarme hat, um die Räder aus den Kanälen zu fischen.

Die Fahrradcodierung FEIN

In Deutschland werden pro Jahr mehr als 400 000 Fahrräder der Polizei als gestohlen gemeldet, dazu kommt eine hohe Dunkelziffer. Die Aufklärungsquote beträgt jedoch nur wenige Prozent. Das brachte die Polizei in Bergisch Gladbach 1993 auf die Idee, erstmals ein Fahrradkodierungssystem einzusetzen. Dieses wurde dann von der Polizei im hessischen Friedberg zur Friedberger Eigentümer Identifizierungs-Nummer (FEIN) weiterentwickelt, welche ab 1997 bundesweit akzeptiert wurde. Trotzdem bestehen weiterhin verschiedene Systeme und in manchen Regionen ist es die Polizei, die die Codierung durchführt, in anderen sind es die Fahrradhändler, der ADFC oder Umweltverbände. Der deutsche Föderalismus zeigt sich also auch in der Fahrradcodierung.

Madonna

Zu den Popstars, die öfters auf einem Fahrrad gesehen werden, gehören Robin Williams und Madonna. Madonna ist radelnd in London, ihrer Wahlheimat, unterwegs, aber auch im autofreundlichen Los Angeles. Im März 2003 wurde ihr 1000-Euro-Rad, das sie vor ihrem Haus in London abgestellt hatte, allerdings gestohlen. Ihr Ehemann Guy Ritchie war darüber so wütend, dass er daraufhin eine Fernsehshow zum Thema Diebstahl machte.

Christian Ströbele und die Verunstaltung

Der Grünen-Politiker Christian Ströbele (*1939) nahm im Jahre 2005 an einer Sitzung der Bundestagsfraktion teil und wie üblich war er mit dem Rad von seiner Wohnung in Kreuzberg zum Bundestag geradelt. Doch als er mit dem am Osteingang des Reichstags geparkten Fahrrad wieder nach Hause fahren wollte, war es verschwunden. Niemand wollte den Dieb gesehen haben, auch die Überwachungskamera hatte versagt. Die Polizei im Deutschen Bundestag forderte angesichts des Anstieges der Fahrraddiebstähle am Reichstag Abgeordnete und deren Mitarbeiter auf, gezielte Maßnahmen zum Fahrradschutz zu unternehmen. Neben Fahrradcodierung und sicheren Schlössern empfahl die Polizei, Fahrräder mit

Klebebändern, Abziehbildern oder eigenem Anstrich für Diebe unattraktiv zu machen.

Die Boruttisierung der Fahrräder

Für diese Methode gibt es vielleicht schon ein Fachwort. Nach einem Rad-Blog des Berliner Fahrradkollektivs *Rad-Spannerei* heißt nämlich eine Methode, ein neues Fahrrad mit Farbe, Gewebeband, Schmirgelpapier etc. so zu verunstalten, dass es für potenzielle Diebe nicht mehr attraktiv ist, Boruttisierung (nach dem Berliner Informatiker und Radfahrer Andreas Borutta). Der Begriff *Boruttisierung* scheint sich dank dieses Rad-Blogs schon im Internet zu verbreiten. Bei Google finden sich schon 384 Links dazu. Ob es je einen Dudeneintrag geben wird, bleibt abzuwarten.

Der britische Künstler Dominic Wilcox jedenfalls macht mit der Verschandelungsidee schon Geschäfte. Seit Dezember 2007 verkauft er für 3.99 Pfund ein Set von Aufklebern für Autos und Fahrräder mit Kratzer- oder Rostflächenanmutung und nennt dies *Anti-Theft Bike/Car Device* (www.dominicwilcox.com).

Nach ähnlichem Prinzip werden Leihfahrräder meist so auffällig gestaltet, dass ein Diebstahl zu sehr auffallen würde und dass kaum jemand so ein Rad für sich haben wollte. In Tulsa/USA wurden die dort kürzlich eingeführten Leihfahrräder rosa gestrichen - keine attraktive Farbe für männliche Diebe. In China wiederum gibt es geschätzte 4 Millionen Fahrraddiebe und die haben ein leichtes Spiel, denn immer noch sind viele Fahrräder in der früher vorherrschenden Farbe schwarz gestrichen, allein das frühere Einheitsmodell Flying Pigeon ist 100 Millionen Mal verbreitet.

10. Fahrradleihsysteme

Luud Schimmelpennick und die Weißen Fahrräder

Bereits 1966 gelang es dem damaligen Hippie und Mitglied der anarchistisch-surrealistischen Bewegung *Provo* Luud Schimmelpennick (*1935) in Amsterdam ein „Weißes Fahrrad"-System durchzusetzen, welches später zur Legende wurde und sogar in Popsongs 'My White Bicycle' verewigt wurde. Noch heute schreiben Reiseführer über diesen Flower-Power-Mythos, damals hätte die Stadt Amsterdam 1000 Fahrräder weiß streichen lassen und sie der Bevölkerung zur kostenlosen Nutzung im Stadtverkehr überlassen. Leider jedoch scheiterte der Idealismus, denn die Fahrräder wären von den Nutzern schnell vereinnahmt oder gestohlen worden. Schimmelpennick korrigiert heute jedoch den Sachverhalt: Nur 10 Fahrräder wurden weiß gestrichen und am nächsten Tag wurden diese bereits von der Polizei konfisziert. Heute ist Schimmelpennick Lokalpolitiker in Amsterdam und arbeitet seit ein paar Jahren auch an neuen Modellen für den Fahrradverleih - diesmal jedoch an Bezahlsystemen.

Gescheiterte *Weiße Fahrräder*-Systeme

Wie im Falle Amsterdams gibt es auch aus etlichen anderen Städten Berichte von gescheiterten *Weiße-Fahrräder*-Systemen. Wie ernsthaft diese Systeme eingeführt wurden und ob diese Berichte übertrieben sind, lässt sich meist heute nicht mehr feststellen. So wird zum Beispiel von einem *Weiße Fahrrad*-System in Mailand berichtet, das bereits nach einem Tag scheiterte, weil alle Fahrräder verschwanden. Ähnliches wird von einem 1993 in Cambridge eingeführten System erzählt. Und schließlich wurde in Bratislava vor wenigen Jahren ebenfalls ein Weißes Fahrrad-System ausprobiert, aber mangels Erfolges schnell wieder fallen gelassen.

Kopenhagens *City Bikes*

In der dänischen Hauptstadt Kopenhagen, die zu den fahrradfreundlichsten Großstädten weltweit zählt, wurden im Jahr 1995 die *City Bikes* eingeführt, kostenlose Leihräder. Heute sind 2000 *City Bikes* verfügbar, welche an 110 Abstellplätzen in der Innenstadt ausgeliehen und abgestellt werden können. Für das Ausleihen ist nur ein Pfand von 20 dänischen Kronen notwendig. Eine feste Reparaturstation und 4 mobile Reparaturanlagen sind im Einsatz, die Fahrräder in Gang zu halten. Als Bill Clinton in seiner Funktion als amerikanischer Präsident Kopenhagen 1997 besuchte, bekam er von der Stadtverwaltung ein *City Bike One* (das Präsidentenflugzeug wird als *Air Force One* bezeichnet) als offizielles Geschenk.

Paris - Welthauptstadt des Fahrradverleihs

Paris hat sich in den letzten Jahren zu einer Welthauptstadt des Fahrradverleihs entwickelt. Parkplätze sind in Paris wenig vorhanden, die Stadt ist kompakt und das streikfreudige Personal des Nahverkehrsbetriebes und der Eisenbahn tut ihr übriges. An 1450 Verleihstationen stehen hier 20 600 Fahrräder eines Systems, welches als *Velib* vermarktet wird. Jedes Fahrrad wird im Durchschnitt 100 Mal im Monat bewegt. 2 Millionen Ausleihen pro Monat werden also erreicht. Ende 2007 hatten bereits 100 000 Pariser ein Abonnement und zahlten dafür 1 Euro pro Tag. Mittlerweile schippert, weltweit einmalig, sogar ein Fahrradreparaturboot auf der Seine. Peking will im Jahr der Olympischen Spiele 2008 die Pariser Zahlen mit 50 000 Leihfahrrädern noch übertreffen und in London gibt es sogar Pläne, langfristig bis zu 80 000 Leihfahrräder zur Verfügung zu stellen.

Bill Clinton und Velib

Als der ehemalige US-Präsident Bill Clinton im Oktober 2007 nach Paris kam, um ein Abkommen zwischen seiner Stiftung und der Stadt Paris zur Bekämpfung des Treibhauseffekts zu unterzeichnen, meinte er: *„Mir sind die vielen Leihfahrräder überall in der Stadt aufgefallen. Gerne hätte ich diese mal ausprobiert. Aber meine Sicherheitsleute haben mir abgeraten, da sie glaubten, es wäre für einen 61jährigen schwierig, sich mit einem Fahrrad im Verkehr von Paris zu bewegen."*

In Zukunft wird es Bill Clinton weniger weit zu einem Verleihsystem à la Paris haben, denn in Washington ist eines mit 120 Fahrrädern and 10 Leihstationen geplant. Schneller hat jedoch Tulsa/Oklahoma reagiert, wo im Sommer 2007 ein kleines Verleihsystem mit 75 Fahrrädern an 4 Stationen eingeführt wurde. Tulsa bekam dafür den Spitznamen 'Paris of Oklahoma'.

Leihsysteme in anderen französischen Städten

Ähnliche Leihsysteme wie in Paris gibt es mittlerweile in etlichen anderen französischen Städten. Die ökologisch orientierte Stadt La Rochelle gilt als Pionier des Fahrradverleihs. Die Stadt ist im Kern eng bebaut und schränkt den Zugang von PKW stark ein. Bereits 1974 wurden hier 350 gelbe Leihfahrräder zur Verfügung gestellt. Bordeaux hat 2003 ein Fahrradverleihsystem eingeführt, Lyon sein *Vélo'v* mit 3000 Fahrrädern im Jahr 2005. Marseille und Toulouse waren erst im Herbst 2007 soweit.

☞ Dass es Frankreich mit dem Rad ernst meint, zeigt übrigens die Tatsache, dass dort im April die Stelle eines nationalen Fahrradbeauftragten geschaffen wurde. Erster *Monsieur Vélo* des Landes wurde der Verkehrsplaner Hubert Peigné. Ähnliche Stellen wurden auch in den französischen Regionen eingerichtet.

Christian Hogl und das Call a bike-System

Der Münchner Informatikstudent Christian Hogl (*1972) hatte an verschiedenen S-Bahnstationen Münchens Fahrräder abgestellt, um von dort schnell weiterzukommen. Der Handyboom brachte ihn auf die Idee, Ausleihe, Kontrolle und Abrechnung per Mobiltelefon durchzuführen. So erdachte er im Jahr 1998 das Call a Bike-Mietfahrradsystem, das dann ab 2000 in München ausprobiert wurde. Bei diesem System sind über die Stadt verteilte Räder mit einer Elektronikbox ausgerüstet. Ein grünes Licht im Display zeigt an, ob das Fahrrad ausgeliehen werden kann. Per Handy erhält der potenzielle Nutzer einen vierstelligen Code, mit dem sich das Stahlschloss öffnen lässt. Bezahlt wird per Kreditkarte oder Bankeinzug. Hogl ging mit 2000 Fahrrädern und einem Startkapital von 4 Millionen Euro an den Start. Doch er war zu billig und nahm nur 2 Pfennige (1 Eurocent) pro Minute und Fahrrad bei 27 000 Kunden ein, während die Herstellung der 2000 Fahrräder schon 2 Millionen Mark gekostet hatte. So war dann nach 6 Monaten das Kapital verbraucht und die Firma war praktisch pleite. Nach der Insolvenz kaufte dann die Deutsche Bahn das Konzept und belebte es wieder, so dass es im Oktober 2001 zu einem Neustart kam. Im Mai 2005 wurde bereits die millionste Fahrt unternommen. Etwa 40 000 regelmäßige Call-a-bike Nutzer gibt es mittlerweile in 6 Städten. Neben München sind dies Berlin, Frankfurt, Köln, Stuttgart und Karlsruhe.

Nextbike in Leipzig

In Leipzig wurde 2005 durch Markus Denk das Fahrradverleihsystem *Nextbike* gegründet. Es ist völlig IT-gestützt und nutzt für Werbung konzipierte Fahrräder. Mittlerweile gibt es *Nextbike* in 21 deutschen Städten, eine Lizenz wurde sogar bis nach Neuseeland vergeben.

❖ **Wettbewerb und Fahrradfriedhöfe in China**

China gehörte einst zu den Ländern mit dem höchsten Fahrradverkehrsanteil weltweit. In vielen größeren Städten lag dieser bei um die 30%. Doch in den letzten beiden Jahrzehnten explodierte geradezu die Zahl der Kraftfahrzeuge in China. Mittlerweile gibt es 340 Millionen Kraftfahrzeuge im Land der Mitte, darunter 250 Millionen PKW. Und jedes Jahr wächst die Zahl um etwa 30 Millionen. Gleichzeitig sind die U-Bahn-Systeme der großen Städte massiv ausgebaut worden. Die U-Bahnsysteme von Beijing, Shanghai und Shenzhen gehören mittlerweile zu den größten der Welt.

Das alles hat dazu geführt, dass der Radverkehrsanteil deutlich zurückgegangen ist. Zeitweise stieg er jedoch wieder. Denn in China breiteten sich ab etwa 2014 auf stationslose, per Smartphone nutzbare Systeme aus. Die Anbieter ofo und Mobike überfluteten die großen Städte sozusagen mit ihren gelb (ofo) oder orange (mobike) gestrichenen Fahrrädern. Dadurch, dass es keine festen Rückgabepunkte gab, durch Vandalismus und natürlichem Verschleiß, kam es bald zu großen Konzentrationen von abgestellten, teilweise auch unbrauchbaren Fahrrädern an wichtigen Knotenpunkten, richtige Fahrradfriedhöfe entstanden. Die Städte mussten teilweise einschreiten, und die Ordnung wieder herzustellen. Diese Anbieter expandierten schließlich auch nach Europa, zuerst nach Großbritannien und in die Niederlande, teilweise auch nach Deutschland. Die Expansionswelle erreichte bereits 2018 ihren Höhepunkt und seither zogen sich die beiden chincsischen Anbieter aus manchen Überseestandorten wieder zurück. Wo sie nicht so erfolgreich waren und Fahrräder hinterließen entstand bald wieder ein Entsorgungsproblem.

11. Fahrradkuriere

Fahrradkuriere

Moderne Fahrradkurierdienste kamen in den 1970er Jahren in San Francisco und New York auf. In New York, wo es wegen fehlender Parkplätze fast immer schon Fahrradkuriere gab, setzten sie sich am stärksten durch. In San Francisco hatten sie dagegen die längste Tradition. Dort fand im Juli 1894 ein Eisenbahnerstreik statt. Einen Fahrradhersteller brachte dies auf die Idee, die Eisenbahnstrecke in 8 Fahrradkuriersegmente zu unterteilen und so eine lückenlose Fahrradtransportkette und damit den ersten Kurierdienst zu schaffen.

Der schnelle Fahrradkurier

Im Burenkrieg war der englische Pfadfindergründer Baden Powell 1899 mit 1250 Soldaten in der Ortschaft Mafeking eingeschlossen. Um der Belagerung durch die Buren standzuhalten, wurde mit Puppen und Holzgewehren eine größere Truppenzahl vorgetäuscht. Jungen wurden zudem trainiert und als Späher, Meldeläufer und Fahrradkuriere eingesetzt. Einer der Fahrradkuriere wurde gefragt, ob er nicht Angst vor dem Feind hätte. Darauf der Junge 'Ich bin mit meinem Fahrrad so schnell, mich können die Kugeln gar nicht treffen'.

Sade Adu als Fahrradkurier

Die britische Sängerin Sade Adu (*1959), die der Popgruppe *Sade* ihren Namen gab, gibt an, als Teenager (damals lebte sie in London) unter anderem als Kellnerin und Fahrradkurierin gearbeitet zu haben. Das war in den 70er Jahren und ist erstaunlich, denn moderne Fahrradkuriere gab es in London erst nach 1985.

Der erste moderne Fahrradkurierdienst Europas

1985 wurde in München von Kurt Wolfram die Firma *Fahrrad Kurier München* gegründet. Vorher gab es schon in Amerika Fahrradkurierdienste, aber der Münchner gründete den Dienst, ohne davon zu wissen. Seine Firma war gleichzeitig auch der erste Fahrradkurierdienst Europas. Mit dem Aufkommen der Mobiltelefone erhielten die Kuriere einen weiteren Schub, doch ist die Zahl der Kurierdienste nach einem Boom Ende der 90er Jahre nach Marktkonsolidierung in Europa wieder zurückgegangen. Kurt Wolframs Kurierdienst gibt es allerdings immer noch.

☞ Zu den europäischen Städten mit den meisten Kurierdiensten gehörten heute München, Berlin, Amsterdam und London. In Süd- und in Osteuropa gibt es dagegen nur wenige Fahrradkuriere (in Südeuropa nehmen motorisierte Zweiräder teilweise ähnliche Funktionen ein). Trotz der ungünstigen Topografie ist die Schweiz im Verhältnis zur Bevölkerungszahl das Land in Europa mit den meisten Fahrradkurierfirmen. Relativ viele Fahrradkurierdienste gibt es auch in den Niederlanden.

Das Fax und der Niedergang der Fahrradkuriere

Im Jahr 1991 gab es in der New York Times einen Artikel zu Fahrradkurieren mit der Überschrift `*Fax Displacing Manhattan Bike Couriers'*. Der Autor ging davon aus, dass durch die rasche Verbreitung von Faxgeräten Fahrradkuriere bald überflüssig sein würden. 1995 kam das Internet auf und bald wurden ähnliche Auswirkungen auf das Fahrradkurierwesen prognostiziert. Ab 2000 verbreiteten sich Breitbandzugänge und wieder ging man vom Niedergang der Fahrradkurierdienste aus. Doch Statistiken des US Department of Labor zeigen, dass die Zahl der beschäftigten Fahrradkuriere im letzten Jahrzehnt relativ konstant geblieben ist und nur durch

Konjunktureinflüsse schwankte. 1996 gab es in den USA 138 000 Fahrradkuriere, im Jahr 2000 141 000, 2002 nur noch 132 000, aber 2004 schon wieder 147 000. Der Untergang des Fahrradkurierwesens findet also nur in den Medien statt.

Fritz Teufel

Der Kommunarde Fritz Teufel (*1943) galt zeitweise als Anarchist und saß öfters, meist eher unschuldig, im Gefängnis. Einmal wurde er jedoch davor nur durch ein *B-lib*i (Originalton Teufel) bewahrt.
Im reiferen Alter entdeckte er seine Liebe zum Fahrrad und wurde zu einem der besten und bekanntesten Fahrradkuriere Berlins. Doch da er nicht mehr jung war und die Kraft ihn durch Krankheit langsam verließ, musste er die Kuriertätigkeit wieder aufgeben. Heute lebt er relativ zurückgezogen in Berlin-Wedding.

Christian Dechants Spurwechsel

Im Mai 1993 erholte sich der Münchner Christian Dechant bei einer Radlermaß von seinem Job als Fahrradkurier. Dabei fielen ihm die vielen geparkten Fahrräder vor dem Biergarten auf und er fragte sich, warum es nicht auch für Touristen möglich sein sollte, München per Fahrrad zu erkunden. Im Mai 1993 veranstaltete er dann die erste geführte Radtour durch die Münchner Innenstadt. Schon im folgenden Jahr wurden von Dechant, der schließlich die Radtour-Agentur *Spurwechsel* gründete, verschiedene Touren angeboten. Heute verfügt *Spurwechsel* über rund 100 Fahrräder und setzt ausschließlich qualifizierte Fahrradguides ein. Touren werden mittlerweile sogar auf Chinesisch angeboten und außer Fahrradtouren auch Bus- und Tramtouren und solche zu Fuß.

12. Fahrradaktivismus

Jan Tebbe und der ADFC

1979 wurde in Bremen von dem Unternehmer Jan Tebbe der „Allgemeine deutsche Fahrrad-Verein" gegründet. Tebbe hatte als Berater für Mautsysteme an einem Autobahnprojekt in Indonesien mitwirken sollen. Er fühlte jedoch, dass er den Autobahnbau nicht mit seinem Gewissen vereinbaren konnte. Tebbe strebte daraufhin danach, einen Fahrradverein als Alternative zur autoorientierten Planung zu gründen. Als erfahrener Kaufmann wusste er, dass der Verein einen eingängigen Markennamen brauchte. In Anlehnung an den ADAC sollte er deshalb ADFC heißen, so hatte man von Anfang an einen eingeführten Namen. Tebbe formulierte damals den Unterschied zu den bereits aktiven *Grünen Radlern* so: "Die demonstrieren vor dem Rathaus, der ADFC verhandelt drinnen." Der ADFC wollte keine Weltanschauung verbreiten, sondern die Korrektur von Fehlern in der Verkehrspolitik erreichen. Kurz zuvor hatte der ADAC seine Vision einer Übertragung amerikanischer Verhältnisse auf die Bundesrepublik, also das Ziel einer Autogesellschaft, veröffentlicht. Mit dem ADFC gab es nun eine Gegenposition. Der Verein dehnte sich bundesweit aus, heute hat er über 100 000 Mitglieder. Im ersten Interview mit Radio Bremen nannte Tebbe im Mai 1979 die Verknüpfung von öffentlichem Verkehr und Fahrrad als wichtige Aufgabe. 1989 erreichte man, dass die Deutsche Bahn die Fahrradmitnahme in Nahverkehrszügen freigab. Zu den Erfolgen des ADFC gehört auch die mit dem Verkehrsplaner Klaus Hinte entwickelte Regel, dass Fahrräder durch Einbahnstraßen auch in entgegen- gesetzter Richtung fahren können. Jan Tebbe konnte jedoch nicht alle Früchte seiner Arbeit genießen, denn er starb bereits 1987, mit nur 59 Jahren, an Krebs.

Der Fahrradklimatest und die `Rostige Speiche´
Zu den noch verkehrspolitisch aktiven Mitbegründern des ADFC zählen der heute in Trier als Professor tätige Geograph Heiner Monheim (*1946) und der beim Deutschen Institut für Urbanistik in Berlin beschäftigte Volkswirt Tilman Bracher.
Eine wichtige Innovation in der nach-Tebbe-Zeit war der *Fahrradklimatest*, der erstmals 1988 durchgeführt wurde. Dabei handelte es sich um eine Umfrage der Leser der ADFC-Zeitschrift `Der Radfahrer´, bei der diese die Radfahrbedingungen in ihrer Stadt bewerten konnten. 1988 schickten 4000 Leser ausgefüllte Fragebögen zurück. Zur fahrradfreundlichsten Stadt gewählt, und mit dem *Goldenen Rad* bedacht wurde das fränkische Erlangen. Den letzten Platz belegte Saarbrücken, welches dafür die `Rostige Speiche´ bekam. 1991 wurde ein weiterer Fahrradklimatest durchgeführt. Diesmal landete Münster auf Platz eins, während Essen die *Rostige Speiche* bekam. Die *Rostige Speiche* war für die Städte Saarbrücken und Essen ein heilsamer Schock und führte schließlich zu konkreten Maßnahmen, die Bedingungen für den Radverkehr zu verbessern. Trotzdem wurde beim dritten Fahrradklimatest, der nach zwölfjähriger Pause erst 2003 durchgeführt wurde, keine *Rostige Speiche* mehr verliehen. Wie erwartet lag 2003 Münster wieder an erster Stelle der größeren Städte (über 200 000 Einwohner). Im Jahr 2005 wurde der vierte Fahrradklimatest durchgeführt. Münster lag wieder an erster Stelle, die Rote Laterne der großen Städte ging, für die Kenner der örtlichen Verkehrspolitik nicht überraschend, an die Hansestadt Hamburg.
Der österreichische Verkehrsclub VCÖ hat 2007 zum dritten Mal der burgenländischen Hauptstadt Eisenstadt eine Rostige Speiche verliehen. Das gab der Stadt doch zu denken und die Bürgermeisterin gelobte Besserung.

Die Grünen und der Fahrradbeauftragte

Der FDP Politiker Guido Westerwelle (heute Außenminister) sagte einmal über die Grünen Folgendes: *„Das ist der perfekte Lebenslauf eines Grünen - erst 20 Semester Soziologie und dann Fahrradbeauftragter in Kiel."*

In Kiel gibt es tatsächlich einen Fahrradbeauftragten- und zwar schon seit 1987. Damit war Kiel Vorreiter im Norden und dort haben sich die Verhältnisse für die Radfahrer in den letzten Jahrzehnten denn auch entscheidend verbessert, was nicht zuletzt im ADFC-Fahrradklimatest anerkannt wurde. Den ersten Fahrradbeauftragten hatte jedoch nicht Kiel, sondern Bonn, wo es schon ab 1981 einen solchen gab. Von dort breitete sich diese Neuerung zuerst im Rheinland und in Norddeutschland aus. Heute ist ein Fahrradbeauftragter eher ein Merkmal einer rot-grün regierten Stadt als einer bürgerlich-liberal regierten Kommune, Ausnahmen bestätigen jedoch die Regel.

Der erste Radweg in Graz

Graz war im 19. Jahrhundert eine wichtige Fahrradproduktionsstadt und nach der Ölkrise in den siebziger Jahren wurde es schnell wieder zu einer der führenden österreichischen Fahrradstädte. Im Juni 1980 pinselten Grazer Aktivisten im Stadtpark bei Nacht illegalerweise einen Radweg auf den Bürgersteig. Eine Rad-Schablone hatte man dabei aus einem Waschmaschinenkarton gefertigt (dieser diente sogar später in Graz für die Erstellung der ersten offiziellen Piktogramme). Die Polizei schritt ein und nahm die Personalien auf. Überraschenderweise stellten die Ordnungshüter fest, dass man es mit lauter Diplomingenieuren zu tun hatte (nicht unwichtig im titelhörigen Österreich). Die Aktivisten gingen schließlich straffrei aus.

Critical Mass

Im September 1992 kamen in San Francisco 48 Radfahrer zusammen, um gemeinsam Fahrrad fahrend auf ihre Belange aufmerksam zu machen. Einer der Gründerväter war der damalige Verlagsangestellte und spätere Buchautor Chris Carlsson. Jeden Monat nahm die Zahl der Teilnehmer an diesem Event zu, so dass es im Jahr 1993 bereits 500 Radler waren, eine von der Stadtverwaltung kaum mehr zu übersehende Zahl. Ursprünglich nannte sich die Bewegung *Commute clot*. Der Name Critical Mass (kritische Masse) leitete sich aus einem Dokumentarfilm über Radfahrer in China ab. In diesem Film wird gezeigt, wie an nicht durch Lichtsignalanlagen gesteuerten Kreuzungen in China sich die Fahrradfahrer nur dann gegenüber dem aggressiven motorisierten Verkehr Vorfahrt verschaffen können, wenn ihre Zahl eine kritische Masse erreicht hat. Der New Yorker Radaktivist George Bliss hob daraufhin den Begriff Critical Mass hervor. Die Critical Mass-Bewegung verbreitete sich von San Francisco in viele amerikanische Städte und heute finden sogar in europäischen Städten regelmäßige Critical Mass Aktionen statt (http://www.critical-mass.org/).

☞: *Critical Ass* ist eine Variante der *Critical Mass*-Events. Bei *Critical Ass* sind die Teilnehmer nur mit ihrer Unterwäsche bekleidet. Seit 2006 finden in New York, San Francisco, Seattle, Chicago und anderen Städten Nordamerikas regelmäßig *Critical Ass*-Events statt.

Critical Manners

Unzufrieden mit der Verletzung von Verkehrsregeln durch Critical Mass und immer wieder aufkommenden Konflikten mit motorisierten Verkehrsteilnehmern wurde im Frühjahr 2007 von der Amerikanerin Reama Dagasan in San Francisco die Bewegung *Critical Manners* gegründet. *Critical Manners* hält sich an alle Verkehrsregeln und ist jeden zweiten Freitag in San Francisco (und mittlerweile gibt es auch in Portland (Oregon) unterwegs.

World Naked Bike Ride

Noch weniger haben die Teilnehmer beim *World Naked Bike Ride* an. Der in Vancouver lebende, aus Südafrika stammende Aktivist und Schriftsteller Conrad Schmidt (*1969) gründete den World Naked Bike Ride (WNBR) im Jahr 2003. In WNBR Veranstaltungen trifft sich eine Gruppe nackter oder leicht bekleideter Radler oder Skater um *"gegen die Abhängigkeit vom Öl zu protestieren und die Kraft und Individualität des Körpers zu feiern"*. Die Ziele dieses Happenings sind also eher diffus, dafür ist der Aufmerksamkeitswert garantiert. Schon vor der Gründung hatte Schmidt im Rahmen eines `Artists for Peace´ Events Nacktradeln organisiert. In Saragossa/Spanien gab es bereits 2001 unabhängig davon eine Nacktradelveranstaltung, organisiert vom spanischen Verein *Ciclonudista*. Nach Gründung des WBNR fanden auch die spanischen Veranstaltungen in dessen Rahmen statt. Seit 2004 haben WNBR-Veranstaltungen in über 100 Städten stattgefunden, darunter vor allem britische, spanische und kanadische Städte. Im Juni 2006 nahmen in London etwa 800 Radfahrer teil, eine der höchsten Zahlen bisher.

Der Fahrradaufkleber

Als Maßnahme gegen die Feinstaubbelastung wurden seit Januar 2008 in deutschen Großstädten Umweltzonen eingerichtet. Oft dürfen solche Zonen nur mit Fahrzeugen mit einer grünen Plakette (Kategorie 4) befahren werden. Um darauf hinzuweisen, dass das Fahrrad noch viel grüner ist, entwarf Anja Vorspel (*Buero fuer erforderliche Maßnahmen*, www.buefem.de) im Jahr 2008 scherzhaft eine grüne Umweltplakette der Stufe 5 (B-ike 1) für Fahrräder. Der Aufkleber erwies sich als Renner.

Gernot Mühge und das Fahrradfilmfestival

Der Bochumer Sozialwissenschaftler Gernot Mühge hatte im Dezember 2005 in Bochum das Internationale Festival des Radsport-Videos initiiert, welches im Jahr 2006 erstmals in Bochum stattfand. Der englische Titel war International Cycling Video Festival, mittlerweile heißt es jedoch International Cycling Film Festival und findet in Herne, Wiesbaden, Groningen und Kattowitz statt. Jährlich kämpfen etwa 20 Filme um *die Goldene Kurbel*. Das nächste Festival findet im Oktober 2020 in den Flottmanhallen in Herne statt.

Sheldon Brown

Der Amerikaner Sheldon Brown (1944-2008) hatte ein gerade enzyklopädisches Wissen, was die Fahrradtechnik betraf. Dieses stellte er unter anderem auf sein er Webseite
Sheldon Brown's Bicycle Technical Info zur Verfügung. Als Brown zunehmend an einer Nervenkrankheit litt und nicht mehr in aufrechter Position radeln konnte, legte er sich ein Liegerad zu. Erst 63 Jahre alt, erlag er 2008 einem Herzinfarkt.

Jessica Findley

Die amerikanische Künstlerin Jessica Findley (*1975) initiierte im Jahr 2004 in New York die *Aeolian Rides*, eine Art Kunstaktion, bei der Radfahrer als ballonartige Luftskulpturen unterwegs sind. Diese Aktion hat ihren Höhepunkt jedoch bereits überschritten, die aeolian-ride Webseite meldet Florenz im Oktober 2014 als letzte Station.

❖Jan Gehl

Der dänische Architekt und Stadtplaner Jan Gehl (*1936) gilt seit seinem Buch Städte für Menschen als einer der wichtigsten Exponenten einer Fußgänger- und fahrradfreundlichen Stadtplanung. Als Vorbild gilt seine Heimatstadt Kopenhagen, mit ihrem für eine Millionenstadt sehr hohen Radverkehrsanteil. Bemühungen, Städte menschenfreundlicher zu machen werden dabei mit dem Begriff *Copenhagenize* belegt.

❖Heinrich Stößenreuther

Der aus Wilhelmshaven stammende Fahrrad- und Umweltaktivist Heinrich Stößenreuther wurde von DER ZEIT im April 2016 als *Verkehrsrebell im schwarzen Anzug* bezeichnet. Von 1998-2007 war er Projektmanager bei der Deutschen Bahn, deshalb der Anzug, 2009 gründete er die Beratung Verkehrs Innovations Partner und ist seither Consultant und Aktivist. Im Herbst 2014 startete er eine Initiative gegen das Falschparken. Im Jahr 2016 war er Mitinitiator des Volksbegehrens für ein fahrradfreundliches Berlin, was zum Berliner Mobilitätsgesetz führte, welches im Juni 2018 in Kraft trat. Seit 2019 ist er außerdem in der Initiative German Zero, Deutschland soll innerhalb von 10 Jahren klimaneutral werden, aktiv. Heute gilt Stößenreuther als Deutschlands bekanntester Fahrradaktivist.

❖ Alvine Cavalcade

Die Brasilianerin Alvine Cavalcande zog im Jahr 2008 von Aracaju im Bundesstaat Sergipe in die 20-Millionenmetropole Sao Paulo. Dort liegt der Radverkehrsanteil lediglich bei 1%, die Stadt gehört jedoch mit über 100 getöteten Radfahrern pro Jahr zu den für Fahrradfahrer gefährlichsten Südamerikas. Im Jahr 2009 wurde Cavalcande vom tödlichen Unfall der Aktivistin Marcia Prado geschockt, die beim Radfahren von einem Bus gestreift und dann überfahren wurde. Dieses Erlebnis bewog sie, Fahrradaktivistin zu werden und die Radfahrervereinigung Ciclocidade zu gründen. Die Zeitschrift *America's Quarterly* wählte Cavalcande 2018 zu den 5 wichtigsten *urban visionaries in Latin America*.

❖ Boris Palmer

Boris Palmer ist der in vielen Kreisen umstrittene aber in der Verkehrs- und Klimapolitik progressive und erfolgreiche Bürgermeister der Universitätsstadt Tübingen. Palmer nutzt Bahn und Pedelec und verzichtet auf einen Dienstwagen und setzt auch in der Stadtpolitik viele Akzente für das Fahrrad, wie neue Fahrradwege, Nutzung von Fahrradtunnel durch Pedelec, Verbesserung der Abstellmöglichkeiten und vieles mehr.

Im Jahr 2015 wurde Palmer auf dem nationalen Fahrradkongress in Potsdam als fahrradfreundlichste Persönlichkeit 2015 ausgezeichnet.

13. Rikschas

Der Rikschaerfinder

Rikschas gelten als typisch asiatische Verkehrsmittel. Interessanterweise wurde die (ursprünglich menschengezogene) Rikscha jedoch nicht von einem Asiaten erfunden, sondern von einem Missionar in Japan (die Japaner glauben allerdings, dass es ein Landsmann war). Etliche Quellen gehen davon aus, dass es der Amerikaner James Scobie war, der die Rikscha dort um das Jahr 1868 für seine behinderte Frau entwickelte. Vier Jahre später waren in Tokio bereits 40 000 Rikschas unterwegs. Heute sind Menschen gezogene Rikschas noch in kleineren japanischen Touristenstädten wie Kamakura unterwegs.

Rikschariffe in Indonesien

In Indonesien werden Rikschas Becaks genannt. Während in Städten wie Yogyakarta immer noch Becaks zu sehen sind, sind diese aus der Hauptstadt Jakarta praktisch verschwunden. Bereits 1972 wurden sie dort von den Hauptstraßen verbannt. Um die Rikschas weiter zu verdrängen, wurden zwischen 1980 und 1985 schließlich 50 000 aus der Hauptstadt stammende Becaks im Meer versenkt. Daraus sollte ein Riff entstehen, in welchem sich Fische ansiedeln sollten. Doch dieser Versuch, die Rikschas loszuwerden, wurde dadurch unterminiert, dass Fischer die Fahrzeuge aus dem Meer bargen, um sie zu einem niedrigen Preis weiterzuverkaufen.

Rangun und die Sai Kaas

In Rangun, der ehemaligen Hauptstadt Birmas, (offiziell Yangon, 2005 wurde der Regierungssitz nach Pyinmana verlegt) gibt es spezielle Fahrradrikschas, so genannte Sai Kaas (1998 wurden davon noch 7000 gezählt).

Wie bei einem Motorrad sitzen die Fahrgäste, Rücken an Rücken allerdings, in einer Art Beiwagen seitlich am Fahrrad. Motorräder des englischen Militärs sollen dafür in den 1930er Jahre Vorbild gewesen sein. Und tatsächlich leitet sich der Name der Vehikel, *sai kaa*, vom Englischen *side car* ab. Am Vorbild England mag es auch gelegen haben, dass in Birma (heute offiziell Myanmar genannt) einst wie bei den Nachbarn Indien und Thailand Linksverkehr galt. Doch 1970 wechselte das Land auf Rechtsverkehr, und auch die sai kaas mussten umgebaut werden. Die Bevölkerung erklärte sich den überraschenden Richtungswechsel so: Der Diktator Ne Win, der das Land von 1962 bis 1988 regierte, fragte seinen Berater, was er tun könnte, um die desolate Wirtschaftslage zu verbessern. Der wagte es nicht, am Burmesischen Sozialismus direkt Kritik zu üben und meinte, er solle seine linke Politik mäßigen und mehr nach rechts rücken. Prompt ordnete Ne Win an, dass die Straßennutzer auf die rechte Seite rücken sollten.

Kalkutta - das Ende der Rikschas

Während Rikschas in den letzten Jahren in etlichen europäischen Städten auftauchten, sterben sie in Asien jedoch immer mehr aus, da sie von den Stadtverwaltungen als Relikt der Vergangenheit und Symbol von Ärmlichkeit und Rückständigkeit angesehen werden und zunehmend Verkehrsverboten unterliegen. Gleichzeitig werden aus Fahrradrikschas (die einst Menschen gezogene Rikschas ablösten) motorisierte Rikschas, die wiederum später von Autos abgelöst werden.

Auch das sich heute rasch modernisierende Indien ist von dieser Entwicklung betroffen. Kalkutta war dabei eine der letzten indischen Großstädte, in denen es noch richtige (Menschen gezogene) Rikschas gab. In den frühen neunziger Jahren waren in der Stadt noch 30 000 davon unterwegs. Auch im Jahr 2005 waren solche Rikschas noch zu sehen, da sich die Gewerkschaft der Rikscha-Zieher gegen ein Verbot dieser Gefährte, das schon 1996 geplant war, wehrte. Im August 2005 kündigte die Regierung der Region Westbengalen (dessen Hauptstadt Kalkutta ist) ein komplettes Rikschaverbot an, was zu Streiks und Protesten führte. Trotzdem trat das Verbot dann offiziell im November 2006 in Kraft.

Dhaka - die letzte Rikschametropole

In Bangladesh spielen Rikschas jedoch immer noch eine wichtige Rolle. In der Hauptstadt Dhaka (1998 wurden hier noch 20% aller Wege mit Rikschas zurückgelegt) sind noch heute um die 300 000 sehr farbenreiche Fahrradrikschas unterwegs, eine Zahl, die allerdings im Sinken begriffen ist. Wegen ihres dichten Rikschaverkehrs wird Dhaka auch als *Stadt der Rikscha*s bezeichnet.

Lodz - die Stadt der Rikschas

Lodz, Filmmetropole und einst wegen seiner Textilindustrie ‚*Manchester Polens*' genannt, kann mit einer verkehrlichen Besonderheit aufwarten. In der Innenstadt verkehren zahlreiche Rikschas, deren Zahl mit der Einrichtung Europas längster Fußgängerzone in der Piotrkowska-Straße seit 10-15 Jahren laufend zugenommen hatte. Allerdings werden hier, anders als in Westeuropa, mit Rikschas eher Einheimische als Touristen befördert.

Die Andenstadt Juliaca und die triciclos

Eine andere Stadt, in der man nicht unbedingt Unmengen von Fahrradrikschas erwarten würde, ist Juliaca (200 000 Einwohner) in den peruanischen Anden unweit des Titicaca-Sees. Die Stadt bietet wenig Sehenswürdigkeiten und offenbar noch weniger Jobs. So kam es, dass immer mehr Zuwanderer vom Land einen Job als Triciclo-Fahrer aufnahmen und die Zahl der Rikschas stieg so von 15 000 Mitte der 1990er Jahre auf heute etwa 30 000. Die Einnahmen pro Fahrer gingen entsprechend zurück. Auch in anderen Städten der peruanischen Hochebene, so in Cuzco, sind Rikschafahrer unterwegs.

☞ Eine andere Gegend, wo man nicht unbedingt Rikschas vermuten würde, ist Madagaskar. Hier verkehren in mehreren Städten menschengezogene Rikschas, *pousse-pousse* genannt.

Pedicabs in Amerika

Im Jahr 1990 lieh der Amerikaner Steve Meyer für eine Konferenz zum Fußgängerverkehr von einem Freund zwei Fahrradrikschas aus. Um die abends oft ausgestorbenen Straßen seiner Heimatstadt Denver zu beleben, schaffte er sich daraufhin zwei Rikschas an. Doch das Radeln mit diesen Fahrradrikschas erwies sich als mühsam. So entwickelte Meyer die Technik weiter und stattete die Rikschas mit 21 Gängen und hydraulischen Bremsen aus. Daraus wurde schließlich der Standard für Pedicabs, wie die Fahrradrikschas in Amerika genannt werden. 1992 gründete Meyer die Firma *Main Street Pedicab*s. Einer seiner ersten Kunden war die 1995 von Peter Meitzler gegründete *Manhattan Rickshaw Company*. Als diese im März 2004 in Donald Trumps Sendung *The Apprentic*e vorgestellt wurde, einer Reality-Show zu jungen Business-Start-Ups, schnellte die Zahl der Pedicabs in New York von 100 auf 500 hoch. Doch das rief die Behörden auf den Plan. Im März 2007 beschloss der Stadtrat von New York, die Zahl der Pedicabs in der Stadt auf 325 zu begrenzen. Der einsetzende Proteststurm veranlasste den New Yorker Bürgermeister Bloomberg allerdings, ein Veto gegen dieses Gesetz einzulegen.

London - die Pedicabs

London gehört in Europa zu den Städten mit den meisten Fahrradrikschas. 400 so genannte Pedicabs sind hier unterwegs, vor allem im Londoner West End. Gefahren werden die Pedicabs in der Regel von jungen Leuten, oft von ausländischen Hochschulabsolventen. In einer Erhebung wurde festgestellt, dass 70% der polnischen und 90% der kolumbianischen Rikschafahrer Londons einen Hochschulabschluss besitzen. Mit Rikschafahren schließen diese die Lücke zwischen Studienabschluss und Berufsaufnahme. Heute gibt es in London Bestrebungen, den Markt zu regulieren und ähnliche Bestimmungen wie für das Taxigewerbe einzuführen. Die Pedicab-Betreiber weisen jedoch darauf hin, dass dies unnötige Belastungen bringen würde. Außerdem würden die Pedicabs den Taxis keine Konkurrenz machen, da sie nur auf kurzen Strecken eingesetzt werden, die bei Taxifahrern eher unbeliebt sind.

Die Velotaxis von Berlin

Der Berliner Debis-Manager Ludger Matuszewski verspürte 1997 einen Drang nach Selbstständigkeit und gründete mit 30 Fahrzeugen in Berlin das Fahrradtaxiunternehmen *Velotaxi*. Dieses setzt ein speziell entwickeltes modernes Fahrradtaxi ein, den *Citycruiser*.
Heute ist *Velotaxi* ein internationales Netzwerk, an dem 20 Städte in Deutschland und 24 Städte in anderen Ländern mit insgesamt 1000 Fahrzeugen teilnehmen. In Deutschland hat Velotaxi 1000 Fahrer, zur Hälfte Studenten und überwiegend zwischen 20 und 40 Jahre alt. Das erste Fahrradrikscha-Unternehmen in Deutschland war jedoch nicht *Velotaxi,* sondern die 1993 in Bremen gegründete Firma *Happy Rikscha*, welche heute ein breites Spektrum von Rikschadienstleistungen anbietet.

14. Verkehrssicherheit

14.1 Fahrradhelme und Allgemeines

Der erste sichere Fahrradhelm

Der Amerikaner Roy Richter (1918-1983) nahm 1933 einen Teilzeitjob in einem Autoteilegeschäft an, das sich nach seinem Standort im Los Angeles Vorort Bell nannte. Aus Autoteilen, die er im Hinterhof der Firma fand, bastelte Richter einen Rennwagen und wurde schließlich zum Autorennfahrer. 1945 verkaufte Richter sein Auto und setzte seine ganzen Ersparnisse ein, um die Firma, bei der er immer noch arbeitete, zu kaufen. Ein Jahr später starb bereits ein zweiter enger Freund Richters bei einem Autorennen. Das brachte Richter zum Entschluss, forthin Produkte herzustellen, die der Sicherheit und dem Schutz der Rennfahrer dienen sollten. 1954 begann die Firma Bell dann die ersten Rennfahrerhelme zu produzieren. Im Jahr 1975 führt Bell schließlich den Fahrradhelm *Bell Biker* ein, der unter einer Kunststoffhartschale Polystyrenschaumstoff (Styropor) als Puffer aufwies. Vorher gab es keine richtigen Fahrradhelme und so war dies der erste, der den Radfahrern wirklichen Schutz bietet. Dieser Helm wurde zum Vorbild für andere Hersteller und bereits 1985 hatte Bell den millionsten Fahrradhelm produziert.

Brad Pitt

Im Jahr 2006 war Brad Pitt in Namibia mit seinen damals zwei Adoptivkindern per Fahrrad unterwegs. Der 16 Monate alte Adoptivsohn trug jedoch keinen Fahrradhelm. Das Bild ging um die Welt und Pitt wurde kritisiert, schlechtes Vorbild zu sein, da Fahrradhelme für die Sicherheit von Kindern unabdingbar seien.

Australien und die Helmpflicht

1990 wurde in Australien die Helmpflicht für Radfahrer eingeführt, 1994 folgte Neuseeland. Auch in vielen US-Bundesstaaten und Gemeinden gilt Helmpflicht, zumindest für Kinder. Spanien hat mittlerweile auf Außerortsstraßen Helmpflicht eingeführt. Fahrradhelme bieten ganz klare Sicherheitsvorteile im Falle eines Unfalls. Trotzdem ist die Helmpflicht selbst bei Verkehrsexperten nicht unumstritten, Gegner und Befürworter liefern sich Argumentationsschlachten. So ist die Verunglücktenrate in Fahrradländern ohne Helmpflicht wie Holland relativ gering und die Helmpflicht kann dazu führen, dass etliche das Radfahren aufgeben oder gar nicht erst aufnehmen.

China - 30 000 tote Radfahrer pro Jahr

Obwohl die Motorisierung noch gering ist, haben Indien und China jährlich jeweils mehr als doppelt so viele Verkehrstote (etwa 100 000 pro Jahr) wie EU und USA zusammen. Die Beobachtung, dass es in frühen Stadien der Motorisierung um die Verkehrssicherheit weit schlechter bestellt ist als in fortgeschrittenen, wird auch als Smeed'sches Gesetz bezeichnet. Es ist deshalb zu hoffen, dass trotz weiterer Motorisierung die Verkehrssicherheit in beiden Ländern in Zukunft zunimmt. Im Jahr 2006 ging denn auch in China die Zahl der Verkehrstoten erstmals zurück, um etwa 10% auf 90 000. Es wird geschätzt, dass Radfahrer (die in China fast alle ohne Helm fahren) 1/3 der Verunglückten stellen. Dort sterben also jedes Jahr um die 30 000 Radfahrer bei Verkehrsunfällen (Deutschland: ca. 500). Da es in China 500 Millionen Radfahrer aber nur 150 Millionen Autofahrer gibt, die Zahl der Verkehrstoten aber ähnlich hoch ist, ist man dort als Radfahrer dennoch sicherer als hinter dem Lenkrad.

Der Hundeschutz

Zu Frühzeiten des Fahrradverkehrs gab es ein besonderes Sicherheitsproblem: aggressive Hunde. Deshalb wurden spezielle Minipistolen für Radfahrer entwickelt, um Knallkörper abfeuern und Hunde abschrecken zu können.

Der cycling bus

Im September 1987 wohnte der Australier David Engwicht einer öffentlichen Anhörung bei, bei der es um Pläne ging, die durch sein Wohnquartier in einem Vorort von Brisbane führende Route 20 auszubauen. Engwicht, der damals als Fensterputzer beschäftigt war, verließ die Sitzung als einer der Gründer von CART- *Citizens Against Route 20*, eine Woche später war er bereits Sprecher dieser Gruppe. Ein Jahr später gab Engwicht eine Broschüre mit Lösungsvorschlägen für die Route 20 und zur Verkehrsberuhigung heraus, die eine Welle von Verkehrsberuhigungsmaßnahmen in Australien und Nordamerika auslöste. Im Jahr 1991 hatte Engwicht eine weitere Idee: den *walking bus*. Dabei gibt es eine feste Linie, einen Fahrplan und Haltestellen, jedoch keinen Bus. Es sind Eltern, die eine Gruppe von kleinen Schulkindern auf dem Weg zur Schule zu Fuß begleiten, um für Sicherheit zu sorgen. Diese Idee verbreitete sich in Australien und Nordamerika und setzte sich als *Pedibus* auch im französischen Sprachraum durch.
Mittlerweile gibt es auch einen *Cycling bus*. Dabei begleitet eine Gruppe von Eltern Schulkinder, die mit dem Fahrrad zur Schule fahren. Im Jahr 2002 wurde ein Cycling-Bus in der belgischen Gemeinde Comines im Rahmen eines EU-Projektes erprobt. Cycling oder Cycle-Bus-Konzepte gibt es auch in Großbritannien und den USA. In Kopenhagen gibt es zudem einen Pendler-Cykelbussen, eine Gruppe von 4-8 Erwachsenen radelt dabei zusammen zur Arbeit.

14.2 Verkehrszeichen

Die ersten Verkehrsschilder

Im Jahr 1894 wurde bei Cannes das erste Verkehrsschild Frankreichs aufgestellt. Jedoch zielte es nicht auf Autofahrer ab, denn diese gab es damals noch kaum, sondern auf Radfahrer, die zu dieser Zeit schon häufig unterwegs waren. Das Verkehrsschild warnte vor gefährlichen Straßenabschnitten. Anfangs waren Autos übrigens noch so langsam, dass beispielsweise die New Yorker Polizei 1898 zu deren Verfolgung Fahrräder einsetzte.

Shared Space

Der holländische Verkehrsplaner Hans Mondermann (1946-2008) gilt als Erfinder des *Shared Space*-Konzepts. Dabei werden Verkehrszeichen abgebaut und Verkehrswege nicht mehr nach Nutzern getrennt, sondern in einer Verkehrsebene zusammengefasst. Dadurch wird nicht mehr ein falsches Sicherheitsniveau suggeriert. Alle Verkehrsteilnehmer müssen aufeinander Acht geben, um Unfälle zu vermeiden. In einer solchen Situation vermindert sich die Geschwindigkeit außerdem automatisch. Dies realisierte Mondermann vor allem im Ort Drachten in Nordholland. Bereits Anfang der 1980er Jahre hatte er in einem holländischen Dorf, das unter zu hohen Geschwindigkeiten litt, beobachtet, wie ein Abbau von Barrieren und Schildern zu niedrigeren Geschwindigkeiten im Ort führte, obwohl das Gegenteil erwartet worden war. Unter dem Titel *Shared Space* wurde das Konzept von der EU gefördert und in verschiedenen Gemeinden in den Niederlanden, Dänemark, Großbritannien, Belgien und Deutschland getestet. Die teilnehmende deutsche Gemeinde ist Bohmte in Niedersachsen.

14.3 Markierungen

Swarowski und die Lanelights

In Wien gibt es eine weitere Neuerung für den querenden Fußgänger- und Radverkehr. So genannte *Lanelights* - in die Fahrbahn eingebaute kleine Blinklichter die an Radwegquerungen dem Autofahrer anzeigen, dass sich ein Fahrrad nähert, beziehungsweise bei Fußgängerüberwegen blinken, sobald jemand die Straße überquert. Die *Lanelights* wurden von der österreichischen Firma Swarco entwickelt und kamen im Jahr 2004 erstmals am Firmensitz in Wattens in Tirol zum Einsatz, später auch bei Radwegquerungen in Wien. Die Firma Swarco gehört zum Swarowski-(Schmuck-)Konzern, der auch sonst Dinge herstellt, die blinken und glitzern. Im August 2007 wurden in Deizisau bei Stuttgart schließlich der erste Zebrastreifen Deutschlands mit unterstützenden Markierungsleuchtknöpfen in Betrieb genommen. Denn Deizisau ist Sitz der M.VSM Verkehrstechnik GmbH und diese ist ein Tochterunternehmen der Swarowskifirma Swarco. Auch Deizisau wird mit Schmuck assoziiert, denn der Ort nennt sich `Perle des Schwabenlandes'.

Das Göttinger Doppel-Zebra

Damit Radfahrer Zebrastreifen zur Querung einer Straße nutzen dürfen, müssen sie erst einmal absteigen und zu Fußgängern werden, was natürlich nicht jedem Radfahrer behagt. Dabei gibt es oft für Radfahrer keine anderen geeigneten Querungen. In Göttingen hat man im Jahr 2000 eine Lösung für dieses Dilemma gefunden: Doppelzebras, das heißt Zebrastreifen mit einer Radfahrerfurt in der Mitte (an beiden Seiten der Furt befinden sich somit Streifen). Diese Lösung vereint Sicherheits- mit Komfortvorteilen und wurde 2007 beim Wettbewerb „best for bike" als eines der besten Projekte nominiert.

Tabellenteil

Anmerkungen zu den Daten zum Radverkehrsanteil

Die Daten zu den Radverkehrsanteilen einzelner Städte wurden aus verschiedenen Quellen zusammengetragen und sind nicht immer voll vergleichbar. Die genaue Bezugsgröße wird oft nicht angegeben, manche Angaben repräsentieren Schätzungen von Stadtverwaltungen (besonders Werte wie 33%, 25% oder 20% repräsentieren oft grobe Schätzungen wie `ein Drittel´, `ein Viertel´ aller Wege). Oft beziehen sich Angaben nur auf den innerstädtischen Verkehr, manchmal nur auf Ortsveränderungen mit Fahrzeugen. Insgesamt gilt, dass je mehr Verkehrsmittel und ein größerer Bezugsraum in die Modal Split Betrachtung einbezogen werden, desto niedriger der errechnete Fahrradanteil ist. In den USA und Australien beruhen Angaben oft auf Volkszählungsdaten, die sich wiederum auf den Berufsverkehr beziehen. Dies führt, verglichen mit europäischen Daten wiederum zu einer Unterzeichnung der Radverkehrsanteile.

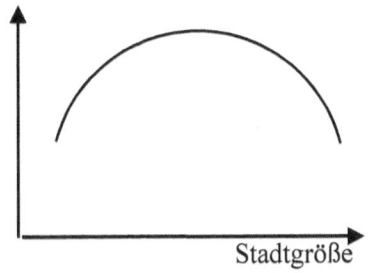

Oft weisen mittelgroße Städte den höchsten Fahrradanteil auf. Hier gibt es, anders als in Kleinstädten, bereits Staus und Parkplatzprobleme. In Großstädten wiederum gibt es oft leistungsfähige innerstädtische Schienenverkehrssysteme (U- und S-Bahnen) und die Entfernungen sind oft groß, was den Fahrradanteil vermindert. Weitere Faktoren mit Einfluss auf den Radverkehrsanteil sind die Topographie (je flacher, je höher der Radverkehrsanteil) und die reale und wahrgenommene soziale Schichtung der Gesellschaft (je egalitärer eine Gesellschaft, desto höher der Radverkehrsanteil).

1a. Radverkehrsanteile in Deutschland

Land	%	Stadt, Anteil
Stadtstaaten	12	**Bremen 19**, **Hamburg 12, Berlin 11**
Brandenburg	13	Cottbus 22, Potsdam 20, Brandenburg 17
Niedersachsen	15	Göttingen 24, Oldenburg 22, Emden 22, **Hannover 19** Lüneburg 20, Braunschweig 14, Hildesheim 12, Salzgitter 12
Sachsen-Anh.	15	Dessau 27, Magdeburg 10, Halle 10
Mecklenb.-V.	14	Rostock 15, Schwerin 9, Stralsund 9
Schleswig-Holstein	15	Kiel 21 (1988: 8), Lübeck 14
NRW	10	Münster 35, Bocholt 30, Coesfeld 29 Troisdorf 28, Marl 24, Krefeld 22, Bonn 17 (1999), **Köln 16 (1999)**, Hamm 14, Leverkusen 12 (1995), **Dortmund 10,** Aachen 10, **Düsseldorf 13**, Bielefeld 8 (1994), Oberhausen 8, Herne 6, Wuppertal 1
Bayern	11	Erlangen 30, Bamberg 22, Landshut 21, Rosenheim (1987: 26%) 20, Regensburg 20, Augsburg 17, **München 17, Nürnberg 10,** Bayreuth 10
Baden-Württemberg	8	Freiburg 28 (1982: 15%), Offenburg 25, Heidelberg 20, Karlsruhe 16, Mannheim 12, Heilbronn 8, **Stuttgart 5**
Sachsen	8	**Leipzig 14,** Zittau (98) 12, **Dresden 16** (1998), Chemnitz 6, Plauen 3 (1998)
Thüringen	6	Erfurt 8, Jena 8 (1998)
Hessen	6	Darmstadt 15, Frankfurt 7 (2006), Offenbach 7, Kassel < 5, Wiesbaden 3
Rheinland-Pfalz	6	Ludwigshafen 15, Mainz 12, Kaiserslautern 2
Saarland	2	Saarbrücken 4

Quelle: Bundesländer: MID 2008, Städte: Webseiten der Städte, Radverkehrswebseiten. Die Zahlen für Städte beziehen sich, wenn nicht anders angegeben, auf die heutige Situation.

1b. % der Studenten, die auf dem Weg zur Hochschule das Fahrrad nutzen (2004/05, Doppelzählung von Verkehrsmitteln, Quelle: CHE Ranking), 2004/05

Land	Stadt, Anteil
Stadtstaaten	Bremen 45, Hamburg 35, Berlin 30, B.haven 24
Brandenburg	Cottbus 37, Potsdam 35, Frankfurt/O 24, Brandenburg 22
Niedersachsen	Oldenburg 81, Braunschweig 65, Osnabrück 60, Emden 53, Hannover 39, Lüneburg 49, Hildesheim 49, Wolfsburg 21,
Sachsen-Anh.	Magdeburg 45, Halle 51, Wernigerode 36, Stendal 33
Mecklenb.-V.	Greifswald 87, Rostock 62, Stralsund 52, Wismar 30, Neubrandenburg 29
Schleswig-Holstein	Kiel 66, Lübeck 66, Heide 42, Flensburg 38
NRW	Münster 84, Bonn 58, Bocholt 50, Aachen 39, Köln 38, Bielefeld 23, Düsseldorf 23, Duisburg 22, Gelsenkirchen 22, Krefeld 16, Dortmund 13, Mönchengladbach 13, Essen 9, Bochum 7, Siegen 4, Berg. Gladbach 3, Iserlohn 3, Hagen 2
Bayern	Bamberg 74, Erlangen 59, Bayreuth 58, Passau 50, Nürnberg 46, Ingolstadt 45, Regensburg 40, Augsburg 39, Würzburg 37, Freising 35, München 34, Deggendorf 32, Hof 10, Coburg 8
Baden-Württemberg	Freiburg 73, Karlsruhe 56, Heidelberg 55, Konstanz 53, Mannheim 37, Heilbronn 31, Weingarten 21, Ulm 18, Aalen 15, Stuttgart 12, Esslingen 7, Pforzheim 3
Sachsen	Freiberg 73, Leipzig 57, Dresden 50, Görlitz 49, Chemnitz 28, Zwickau 9,
Thüringen	Weimar 57, Ilmenau 54, Jena 38, Erfurt 31
Hessen	Gießen 37, Darmstadt 30, Marburg 29, Fulda 23, Frankfurt 20, Kassel 19, Wiesbaden 10
Rheinland-Pfalz	Mainz 33, Kaiserslautern 21, Ludwigshafen 17, Koblenz 17, Trier 13, Zweibrücken 3
Saarland	Homburg 37, Saarbrücken 10

2. Radverkehrsanteile in Österreich

a) VCÖ/TU Wien Daten für 2000-2011 (Quelle: VCÖ, TU Wien)

Land	Radverk. anteil (in %)	Städte/Gemeinden, Radverkehrsanteil (%)
Vorarlberg	15 (1995: 13)	Bregenz 21, Feldkirch 13, Lustenau 37, Höchst 38
Salzburg	8	Bürmoos 46, Salzburg 16, Hallein 10
Tirol	11	Innsbruck 24, Wörgl 23
Niederösterreich	7	St.Pölten 10, Wiener Neustadt 14, Baden 14, Langenlois (1999:3) 14
Oberösterreich	7	Linz 5, Traun 14, Wels 13, Vöcklabruck 9
Kärnten	6	Klagenfurt 12, Villach 13
Burgenland	5	Eisenstadt 4
Steiermark	6	Graz 16
Wien	6	(1993: 3, nach anderen Schätzungen heute 6)
Österreich	5	

b) % der Studenten, die mit dem Fahrrad zur Hochschule fahren (auch in Kombination mit anderen Verkehrsmitteln, Quelle: CHE Ranking), 2004/05

Salzburg	57
Graz	55
Innsbruck	54
Klagenfurt	27
Linz	21
Wien	17

3. Radverkehrsanteile in der Schweiz

a) Ergebnisse des Mikrozensus 2001 für Agglomerationen (alle Etappen, daher niedrigere Werte als mit anderen Berechnungsmethoden)

Basel: 8.7,
Bern: 5.9,
Zürich: 4.4,
Genf: 3.3,
Lausanne: 1.4

b) In der Presse zitierte Zahlen für das Stadtgebiet:

Winterthur: 25
Basel: 20
Luzern 13
Zürich 7

c) % der Studenten, die mit dem Fahrrad zur Hochschule fahren (auch in Kombination mit anderen Verkehrsmitteln, Quelle: CHE Ranking), 2004/05

Basel	50
Bern	44
Zürich	29
Lugano	24
Genf	22
Fribourg/Freiburg	19
Lausanne	18
Luzern	16
St. Gallen	15
Yverdon	14
Neuchâtel	7

4. Radverkehrsanteile in Europa

Land (um 1995)	ausgewählte Städte, in % (Fahrradstädte: fett)
Niederlande (2005: 27%)	**Groningen** 38 (2005), **Zwolle** 37 (05), **Leiden** 33 (05), Utrecht 32, Veenendaal 32, Amsterdam 28, Rotterdam 16, Heerlen 10
Dänemark (18%)	Nakskov 35, **Odense** 21, **Kopenhagen** 20
Schweden (13%)	**Lund** 40, Malmö 30, Göteborg 9, Stockholm 8,
Belgien (8%, 1999)	Brügge 20, Gent 12, Brüssel 1
Finnland (7%)	**Oulu** 25, Helsinki 9
Irland (5%)	Dublin 4
Ungarn (4%)	Budapest 1.5
Italien (4%)	**Ferrara** 31 (2000), Bozen 23, Parma 19, Padua 19, Rom 0.4
Norwegen (4%)	Trondheim 8, Raum Stavanger-**Sandnes 7**
Frankreich (3%)	Straßburg 12, Bordeaux 3, Toulouse 3, Paris 1.5 (1995: 0.7)
Großbritannien (2%)	Cambridge 34, **York** 22, Crewe 11, Cheltenham 9, London 1.3
Griechenland (1%)	Karditsa 22, Volos 12, Athen 0.5
Portugal (1%)	Lissabon 0, **Aveiro**
Spanien (1%)	San Sebastian 4, Valencia 1.5, Barcelona 1.2
Tschech. Republik	**Prostejov 20**, Budweis 10, Olmütz 9, Ostrau 5, Brünn 2 Prag 2, Pilsen 1, Liberec 0.1
Slowenien	Ljubljana 10
Polen	Krakau 4 (1997) Danzig 1.2 (2005), Warschau 1
Rumänien	Ploiesti 1.0, Bukarest 0.5
Restl. Osteuropa	Zagreb 5, Bratislava 1.5, Vilnius 0.2

Quelle: Transport in Figures 2000, verschiedene Webseiten

5. Radverkehrsanteile weltweit

Land/Region Radverkehrsanteil	Ausgewählte Städte, Radverkehrsanteil in %
USA (0.4%)	**Davis** 20 (alle Fahrten) Gainesville 2.8, San Francisco 2, Seattle 1.4, Washington 1.2, Atlanta 0.1
Kanada (1.2%)	Victoria 10, Vancouver 1.9, Ottawa 1.7, Montreal 1.3, Toronto 0.8
Japan (15%)	Tokio 17
China (heute 20%, 90er: 33%)	Tjanjin 77 (90er), heute < 50, Shenyang 65 (90er), Chengdu 42, Peking 20 (90er noch > 40%), Shanghai 17
Indien (10-15%)	Kalkutta 7, Delhi 8, Bangalore 2
Bangladesh (4-7%)	Dhaka: Fahrrad 0.9, Rikscha: 20 (1998)
Türkei	Büyükada ca. 30, Konya 3.4 (2000)
Übriges Asien	Singapur 5, Bangkok 5, Kuala Lumpur 4, Manila 3, Jakarta 2
Brasilien (7.4%)	Ubatuba > 40, Belem 9, Rio de Janeiro 3.2, São Paulo 0.6,
Kuba (13%)	Havanna 30 (90er, heute ca 15%)
Übriges Lateinamerika	Bogota 5 (2001), Managua 1, Mexico City 0.7; Uruguay: 5%; Tucuman (Chile) : 3
Afrika	Morogoro 23, Ouagadougou 10, Daressalam 3, Bamako 2, Niamey 2, Dakar 1, Harare 1, Nairobi 1, Kapstadt< 1, Kairo< 1
Australien (1%)	Fremantle 4, Brisbane 2, Perth 2 (2001), Melbourne 2.1 (2001) Adelaide 1.2 (1999; 1986: 2.6)

Quelle: Verschiedene Webseiten zum Fahrradverkehr)
USA und Kanada: Fahrten zur Arbeit , Stand 2000/2001

6. Fahrradstationen in Deutschland
(Fahrradstationen am Bahnhof mit > 300 Plätzen)

Land	Stadt	Inbetriebnahme	Stellplätze
NRW	**Münster**	1999	3300
	Köln	2003	961
	Rheine	1999	960
	Neuss	2003	559
	Hamm	1998	450
	Minden	2003	442
	Gronau	2003	400
	Bielefeld	1992	390
	Soest	2000	374
	Krefeld	2000	360
	Bonn	2000	300
Bremen	**Bremen**	2000	1560
Niedersachsen	**Lüneburg**	1997	1333
	Oldenburg	2002	1000
	Osnabrück	1993	1000
	Göttingen	1999	800
	Braunschweig	2001	471
	Hannover	2000	350
Baden-Württ.	**Freiburg**	1999	1001
	Mannheim	1997	900
	Karlsruhe	2007	450
Bayern	**Augsburg**	2007	342
Schlesw.-H.	**Kiel**	2009	602

NRW: 52 Stationen, davon 43 nach Markenkonzept, weitere in NRW mit 300-360 Stellplätzen: Gütersloh (1997), Oberhausen (1998), Gladbeck (1999), Kamen (1999), Burgsteinfurt (2000), Brühl (2000), Dorsten (2001), Herford (2001) Warendorf (2003)
Baden-Württemberg: Stuttgart: 2 Stationen (Möhringen und Vaihingen) mit jeweils 100 Plätzen

7. Fahrradstationen weltweit

Land	Stadt, Stellplätze
Dänemark	Odense 250
Frankreich	Chambery 40, Tours 120
Niederlande	Utrecht 12500 (insgesamt ca. 100 Stationen)
Österreich	Graz 275
Schweiz (25 Stationen)	Zürich HB: Süd 650, Nord: 170, Bern: Milchgässli 520, Bollwerk 220; Basel 1590, Luzern 418, Biel 405, Interlaken 300, Schaffhausen 297, Thun 290, Chur 270, Winterthur 260, Uster 200, Burgdorf 200, Olten 150, Bülach 150, Aarau 147, Wetzikon 120, Langenthal 105, Solothurn 100
Schweden	Lund 780
Australien	Brisbane 400
Neuseeland	Auckland < 100
Brasilien	São Paulo-Maua 700
USA	Chicago 300, Palo Alto 150, Long Beach 100, Santa Barbara 78, Berkeley 77
Japan	Tokio-Kasai Bahnhof: 9400 insgesamt über 100 Stationen (davon 55 mit jeweils > über 2000 Stellplätzen)

Quelle: Schweiz: http://www.velostation.ch

8. Teilnahme an Sportarten in den USA (Millionen)

Sportart	1995	2000	2005	2008	2016
Gehen	73.3	86.3	86.0	96.6	
Radfahren	56.3	43.1	41.1	44.7	36.2
Wandern	26.5	24.3	29.8	38.0	
Jogging	22.2	22.8	28.3	35.9	
Inlineskating	23.9	21.8	13.1	9.3	
Skateboard	4.5	9.1	12.0	9.8	
Mountain Bike	6.7	7.1	9.2	10.2	5.7

Quelle: National Sporting Goods Association

9. Fahrradbestand in ausgewählten Ländern

Land	Fahrradbestand (Millionen)
Deutschland	1896: 0.5 , 1928: 10, 1930er: 15 Verkehr in Zahlen: Westd.: 1960: 18.6, 1970: 22.1 1980: 36.5 , 1990:51.9 Gesamtd.: 1991: 64.2 2000: 74.5 , 2004: 73.0 Statistisches Bundesamt: 2000: 60.8, **2006: 66.8** Mobilität in Deutschland 2008: 74
Österreich	1930er: 1 , **2005: 3**
Schweiz	1950: 1.8, 1960: 1.8, 1970: 1.3, 1980: 2.0, 1990: 3.1, 2000: 4.0, **2005: 4.2**
Dänemark	**2005: 4.2**
Frankreich	1896: 1 , 1914: 4 , 1930er: 7 **2005: 20**
Großbritannien	1896: 1, 1930er: 7 **2000: 22**
Italien	1909:0.6, 1914: 1.22 1933: 8, **2006: 32**
Niederlande	1900: 0.11, 1905: 0.274, 1910: 0.540, 1915: 0.789, 1919: 0.861, 1925: 1.811 1930: 2.627 , 1935: 3.206 , **2005: 16**
Spanien	**2000: 9**
USA	1896: 3 , 1930er: 3, **2005: 150**
Brasilien	1994: 30 , **2004: 55**
China	1980er: 300, **2000: 470**
Japan	1890: 0.001, 1990: 66, **2004: 84**
Welt	**2005: 1500-2000**

10. Fahrradproduktion und -absatz in der EU, 2016

Millionen Fahrräder

EU Fahrradproduktion	12.7
EU-Importe (EU 28)	6.6
EU-Fahrradabsatz	20.4

Quelle: COLIBI, Bike Europe

11. Daten zur Fahrradindustrie in der EU, 2017

Land	Unter-nehmen	Umsatz Mio Euro	Beschäftigte 2000	2007
Deutschland	**199**	**1644**	**4835**	**6042**
Belgien	63	163	:	409
Bulgarien	24	174	:	1884
Dänemark	40	97	:	494
Finnland	14	21	127	111
Frankreich	48	720	3271	2073
Griechenland	17	20	:	213
Großbritannien	170	277	1430	:
Italien	453	1155	6620	5182
Litauen	5	46	:	456
Niederlande	146	:	2198	2086
Österreich	10	240	:	507
Polen	211	429	:	4504
Portugal	40	435	794	1898
Rumänien	21	230	:	1734
Spanien	57	226	595	752
Slowenien	13	3	:	38
Slowakei	20	22	163	205
Tschech. Rep	87	91	:	1534
Ungarn	37	27	:	392
EU insgesamt	**2108**	7628	**28000**	**34500**

Quelle: Eurostat

12. Fahrradproduktion und -absatz in der EU 2016

Land	Fahrradproduktion (1000 Fahrräder)	Davon E-bikes	Fahrradabsatz (1000 Fahrräder)	Durchschnittspreis (Euro)
Deutschland	**1971**	**352**	**4050**	**643**
Frankreich	720	95	3035	337
Großbritannien	83	0	3050	521
Italien	2339	24	1679	390
Niederlande	775	200	931	1010
Spanien	351	10	1115	533
Polen	1150	6	1200	130
Dänemark	3	0	510	700
Belgien	75	20	540	628
Schweden	83	1	576	575
Österreich	153	90	397	660
Tschech. Rep	350	80	490	250
Portugal	1904	20	350	250
Finnland	30	5	320	350
Ungarn	402	171	221	265
Slowakei	200	5	140	220
Griechenland	112	1	166	195
Bulgarien	948	20	79	125
Rumänien	900	60	510	200
Slowenien	4	0	310	250
Irland	0	0	225	250
Litauen	114	4	113	298
Kroatien	0	0	350	318
Lettland	0	0	70	250
Zypern	0	0	22	264
Estland	0	0	75	250
Malta	0	0	14	250
Luxemburg	0	0	11	550
EU insgesamt	**12666**	**1164**	**20407**	**:**

Quelle: COLIBI (European Bicycle Market, 2009 Edition)

Fahrradproduktion im Jahr 2000 (1000 Stück):
Deutschland: 3000, Italien 2350, Frankreich 1424, Niederlande 1082, Portugal 583 Spanien 505, UK 350

13. Veranstaltungsorte der Velo-City-Fahrradkonferenz

Jahr	Stadt
1980	Bremen
1984	London
1987	Groningen
1989	Kopenhagen
1991	Mailand
1992 (Velo Mondial)	Montreal
1993	Nottingham
1995	Basel
1997	Perth
1999	Graz/Maribor
2000 (Velo Mondial)	Amsterdam
2001	Glasgow/Edinburgh
2003	Paris
2005	Dublin
2006 (Velo Mondial)	Kapstadt
2007	München
2009	Brüssel
2010 (Velo Mondial)	Kopenhagen
2011	Sevilla
2012	Vancouver
2013	Wien
2014	Adelaide
2015	Nantes
2016	Taipeh
2017	Arnhem-Nijmegen
2018	Rio de Janeiro
2019	Dublin
2020, 2-5. Juni	Ljubljana

14. Fietsstad (Niederlande)

Jahr	Sieger	Andere nominierte Städte
2000	Veenendaal	
2002	Groningen	
2008	Houten	Groningen, Nijmegen, Goes, Veenendaal
2010	S`Hertogenbosch	
2014	Zwolle	Almere, Eindhoven, Enschede, Velsen
2016	Nijmegen	Goes, Groningen, Maastricht, Utrecht
2018	Houten	Veenendaal, Winterswijk, Etten-Leur

15. Die fahrradfreundlichesten Städte
Copenhagenize Index 2019

1. Kopenhagen
2. Amsterdam
3. Utrecht
4. Antwerpen
5. Straßburg
6. Bordeaux
7. Oslo
8. Paris
9. Wien
10. Helsinki
11. Bremen
12. Bogota
13. Barcelona
14. Ljubljana
15. Berlin
16. Tokio, 17. Taipeh, 18.Vancouver, 18. Montreal
20. Hamburg

Literatur

Anne Abeillé
Dictionnaire du vélib
Edition du Panama, Paris 2007

Pryor Dodge
Faszination Fahrrad
Geschichte-Technik-Entwicklung
Delius Klasing Verlag, Bielefeld 2007

Helmut Knoflacher
Zur Harmonie von Stadt und Verkehr
Böhlau Verlag, Wien 1993

Hans-Erhard Lessing
Das Fahrradbuch
Rororo, Reinbek 1978

Hans-Erhard Lessing
Radfahren in der Stadt
Rororo, Reinbek 1981

Hans-Erhard Lessing
Automobilität- Karl Drais und die unglaublichen Anfänge
Maxime, Leipzig 2003

Fachkunde Fahrradtechnik
Verlag Europa-Lehrmittel, Haan-Gruiten 2007

Der Radfahrsport in Bild und Wort
Olms Presse, Hildesheim 1998
2. Nachdruck der Ausgabe München 1897

Richard Fasten
Von Klettverschluss bis G-Punkt.
Das Lexikon der großen Entdeckungen.
Kiepenheuer, Berlin 2006

Urs Heierli
Environmental Limits to Motorisation
Skat, Swiss Centre for Development Cooperation
St. Gallen 1993

David v. Herlihy
Bicycle - The History
Yale University Press, 2004

Sylvie Lauduique-Hamez
Les Incroyables du Cyclisme
Calmann-Lévy 2007

Peter Newman und Jeffrey Kenworthy
Sustainability and Cities-
Overcoming Automobile Dependence
Island Press, Washington 1998

Max Rauck, Gerd Volke, Felix Paturi
Mit dem Rad durch zwei Jahrhunderte
AT Verlag Aarau/Stuttgart 1979

Klaus Schäfer-Breede, Jan Tebbe, H. Kassack, Arne Lüers
pro fahrrad
Eine Bilddokumentation mit modellhaften Beispielen zur
Verbesserung des Radverkehrs, Bauverlag, Wiesbaden 1986

Tony Wheeler
Chasing Rickshaws
Lonely Planet Publications, Hawthorn, Victoria 1998

VeloCity Graz Maribor
April 13-16 1999
Proceedings

BMVi
Radverkehr in Deutschland Zahlen, Daten, Fakten
Berlin 2016

Statistiken

ADFC Radreiseanalyse 2006
http://www.adfc.de/2919_1

BMVIT/Büro Herry
Verkehr in Zahlen 2007 (Österreich), Wien 2007
http://www.bmvit.gv.at/verkehr/gesamtverkehr/statistik/viz07/index.html

Bike Europe
Facts and Figures
http://www.bike-eu.com/facts-figures/market-reports/

CHE (Centrum für Hochschulentwicklung)
Wohnen und Verkehr, Auswertung aus d. CHE Ranking 2007
http://www.che.de/downloads/IIB_Wohnen_und_Verkehr3.pdf

COLIBI
European Bicycle Market, 2009 edition
http://www.colibi.com/docs/issuu/European%20Bicycle%20Market%20&%20I
ndustry%20Profile%20-%202009%20edition.pdf

Cycling in the Netherlands
Niederländisches Verkehrsministerium, Den Haag 2007
http://www.fietsberaad.nl/library/repository/bestanden/Cycling%20in%20the%20Ne
therlands%20VenW.pdf

DIW
Verkehr in Zahlen 2018/19 (Deutschland)
Berlin 2019

Earth Policy Institute
Bicycles Indicator Data
http://www.earthpolicy.org/Indicators/Bike/2008_data.htm
ECF Factsheet (for Velo City 2009)
http://www.velo-city2009.com/assets/files/VC09-ECF-facts-and-figures.pdf

Europäische Kommission
EU Energy and Transport in Figures 2000, Brüssel 2000
Tabelle 5.14 (Bicycle Transport)
http://europa:eu.int/comm/transport/tif

Fahrradstationen
NRW: http://www.radstation.de
Schweiz: http://www.velostation.ch

International Bicycle Fund
Bicycle Statistics
http://www.ibike.org/libraray/statistics-data.htm

LITRA- Verkehrszahlen
(Zahlen zur Schweiz, inkl. Fahrradbestand 1950- heute)
http://www.litra.ch/Verkehrszahlen.html

Mobilität in Deutschland
http://www.mobilitaet-in-deutschland.de

National Sporting Goods Association (NSGA)
Statistiken zur Sportteilnahme in den USA:
http://www.nsga.org/public/pages/index.cfm?pageid=864

BMVi
Fahrradmonitor
https://www.bmvi.de/SharedDocs/DE/Anlage/K/fahrradmonitor-2019-ergebnisse.html

weitere Webseiten

Ampelgriffe
http://www.ampelgriff.de/

Argus Steiermark- Geschichte
http://graz.radln.net/cms/ziel/25359581/DE/

Best for bike
http://www.best-for-bike.de

Bikewest (Radfahren in Westaustralien)
http://www.dpi.wa.gov.au/cycling/1515.asp

European Local Transport Information (ELTIS)
http://www.eltis.org

Fahrradportal
http://www.nationaler-radverkehrsplan.de/neuigkeiten/index.php?kid=2

Institute for Transportation and Development Policy
Sustainable Transport, Fall 2006
http://www.itdp.org/documents/st_magazine/ITDP-st_magazine-18.pdf

International Cycling History Conference
http://www.cycling-history.org

Radspannerei-Blog
www.rad-spannerei.de

Shared Space
http://www.shared-space.org/

Spicycles (EU-gefördertes Projekt)
http://spicycles.velo.info

National Bicycle Development Strategy of the Czech Republic (Prag, 2004)
http://www.cyklostrategie.cz/download/cyklostrategie_English.pdf

Raising the Profile of Cycling and Walking in New Zealand- a Guide for Decision-Makers (Oktober 2008
http://www.transport.govt.nz/assets/Images/NewFolder-2/RaisingtheProfileWalkingCyclinginNZ.pdf

Wikipedia (http://www.wikipedia.de), unter anderem:
    -Karl Drais
    http://de.wikipedia.org/wiki/Karl_Drais
    -Kirkpatrick Macmillan
    http://de.wikipedia.org/wiki/Kirkpatrick_Macmillan
    -Fahrradgarage
    http://de.wikipedia.org/wiki/Fahrradgarage
    -Fahrradverleih
    http://de.wikipedia.org/wiki/%C3%96ffentliches_Fahrrad
    -Fahrraddiebstahl
    http://de.wikipedia.org/wiki/Fahrraddiebstahl
    -Fahrradcodierung
    http://de.wikipedia.org/wiki/Fahrradcodierung

Weitere Verkehrsbücher von Richard Deiss
(siehe www.bod.de)

Palast der tausend Winde und Stachelbeerbahnhof
Kleine Geschichten zu 222 Stationen, auf welche(n) wir abfahren.
Books on Demand, Norderstedt 2020

Der Schicksalsbahnhof jenseits der Berge
Kleine Geschichten zu 111 Bahnhöfen der Alpenländer
Books on Demand, Norderstedt 2019

Flügelradkathedrale und Zuckerrübenbahnhof
Kleine Geschichten zu 222 europäischen Bahnhöfen
Books on Demand, Norderstedt 2019

Der Lebkuchenbahnhof am Ende der Welt
Kleine Geschichten zu 222 Bahnhöfen in Afrika, Asien und Ozeanien
Books on Demand, Norderstedt 2009

Grand Central Terminal und Pampabahnhof
Anekdoten und interessante Fakten zu 222 amerikanischen Bahnhöfen von Alaska bis Feuerland
Books on Demand, Norderstedt 2019

So weit die Flüsse tragen
Kleine Geschichten zur Binnenschifffahrt gestern und heute
Books on Demand, Norderstedt 2009

www.ingramcontent.com/pod-product-compliance
Lightning Source LLC
Chambersburg PA
CBHW020421220526
45464CB00002B/521